SAMMLUNG GÖSCHEN BAND 579

TECHNISCHE TABELLEN UND FORMELN

von

PROF. DR.-ING. W. MÜLLER

Fünfte, verbesserte und erweiterte Auflage

von

DR.-ING. ERICH SCHULZE
Techn. Universität Berlin

Mit 114 Abbildungen und 99 Tafeln

WALTER DE GRUYTER & CO.
vormals G. J. Göschen'sche Verlagshandlung · J. Guttentag,
Verlagsbuchhandlung · Georg Reimer · Karl J. Trübner · Veit & Comp.
BERLIN 1962

Archiv-Nr. 79 00 621. — Satz und Druck: Walter de Gruyter & Co., Berlin W 30.
Printed in Germany.

Inhalt

1. Abschnitt

Wärme

2. Abschnitt

Festigkeit

3. Abschnitt

Maschinenelemente

4. Abschnitt

Elektrotechnik

Anhang

1. Abschnitt

Wärme

1.01 Allgemeines der mechanischen Wärmetheorie

Als wichtigstes Gesetz für vollkommene Gase gilt die Zustandsgleichung, welche zugleich das Gay-Lussac-Boylesche, sowie das Mariottesche Gesetz in sich vereinigt.

Es sei

P der absolute Druck des Gases in kp/m²*),

V der Rauminhalt in m³,

G das Gewicht in kp,

$v = \frac{V}{G}$ der Rauminhalt (spez. Volumen) in m³/kp,

t Temperatur in °C,

$T = 273 + t$ die absolute Temperatur in °K [°Kelvin]

M Molekulargewicht in Mol

R die Gaskonstante in mkp/Mol ·°K

dann besteht die Gleichung

$$P \cdot v = R \cdot T \qquad \text{oder} \qquad P \cdot V = G \cdot R \cdot T.$$

Nach dem Avogadroschen Gesetz, wonach gleiche Räume bei gleichem Druck und gleicher Temperatur für alle Gase dieselbe Anzahl Moleküle enthalten, folgt, daß R umgekehrt proportional ist dem Molekulargewicht M bzw. dem spez. Gewicht γ (Wichte s. S. 83) des Gases

$$R = \frac{848}{M},$$

während das spez. Gewicht $\gamma = \frac{M}{22{,}4}$ in kp/Nm³ ist.

*) Nach dem Internationalen Einheitssystem: Einheit für Masse Gramm [g], Kilogramm [kg] und Tonne [t]; Einheit für Kräfte und Gewichte Pond [p], Kilopond [kp], Megapond [Mp] oder Newton [N].

Tafel 1

Gas	Chem. Zeichen	Atomzahl	Molekulargewicht Mol	Spez. Gewicht kp/Nm^3*	Dichte bez. auf Luft kp/m³	Gaskonstante R	Spez. Wärme kcal/kp c_p	Spez. Wärme kcal/kp c_v	$x = \frac{c_p}{c_v}$
Luft	—	—	28,96	1,293	1,000	29,27	0,239	0,171	1,40
Sauerstoff	O_2	2	32,00	1,429	1,1053	26,5	0,219	0,157	1,40
Stickstoff.	N_2	2	28,02	1,25	0,9721	30,26	0,2482	0,177	1,40
Wasserstoff.	H_2	2	2,016	0,0899	0,0695	420,6	3,4	2,415	1,41
Stickoxyd	NO	2	30,01	1,34	1,0367	28,25	0,238	0,172	1,40
Kohlenoxyd	CO	2	28,01	1,25	0,9669	30,29	0,248	0,177	1,40
Kohlensäure	CO_2	3	44,01	1,977	1,529	19,27	0,1957	0,1505	1,30
Stickoxydul	N_2O	3	44,02	1,978	1,530	19,26	0,213	0,168	1,27
Schweflige Säure . .	SO_2	3	64,06	2,926	2,263	13,24	0,1453	0,1143	1,27
Ammoniak	NH_3	4	17,03	0,7714	0,5967	49,79	0,491	0,374	1,31
Azetylen	C_2H_2	4	26,04	1,171	0,9057	32,59	0,361	0,2904	1,26
Methan	CH_4	5	16,04	0,717	0,5545	52,9	0,576	0,391	1,32
Äthylen	C_2H_4	6	28,05	1,26	0,975	30,25	0,385	0,308	1,25

*) 1 $Nm^3 = 1\ m^3$ bei 0^0 760 mm Q. S.

Bei Gasen ist zwischen der spez. Wärme in kcal/kp (vgl. S. 19) bei konstantem Druck c_p und derjenigen bei konstantem Volumen c_v zu unterscheiden; hierbei ist stets

$$c_p - c_v = A\,R \approx \frac{2}{M},$$

wobei $A = \frac{1}{427}\left[\frac{\text{kcal}}{m\ \text{kp}}\right]$ das mechanische Wärmeäquivalent ist.

Für zweiatomige Gase berechnet sich

$$\frac{c_p}{c_v} = \varkappa = 1{,}4,$$

$$c_v = \frac{5}{M},$$

$$c_p = \frac{7}{M}.$$

Während sich die Größen c_p und c_v auf 1 kp des Gase beziehen, geschieht die Umrechnung der spez. Wärmen auf 1 Nm³ (Norm-Kubikmeter = 1 m³ bei 0° C und 760 mm Q. S.) nach den folgenden Gleichungen:

$$C_p = \gamma \cdot c_p = \frac{M}{22{,}4} \cdot c_p \left[\frac{\text{kcal}}{\text{Nm}^3}\right],$$

$$C_v = \gamma \cdot c_v = \frac{M}{22{,}4} \cdot c_v \left[\frac{\text{kcal}}{\text{Nm}^3}\right],$$

$$C_p - C_v = 0{,}089.$$

Liegen Gasmischungen aus Gasen von den Gewichtsanteilen $g_1, g_2, g_3 \ldots$, den Raumanteilen $r_1, r_2, r_3 \ldots$ und den Teildrücken $P_1, P_2, P_3 \ldots$ vor, so gelten als Beziehung zwischen den Gewichts- und Raumanteilen die Formeln:

$$g_1 = \frac{r_1 M_1}{\Sigma(r_i M_i)},$$

$$g_2 = \frac{r_2 M_2}{\Sigma(r_i M_i)}.$$

Nach dem Gesetz von Dalton setzt sich der Gesamtdruck einer Mischung aus den Teildrücken der einzelnen Gase zusammen. Da diese sich wie ihre Raumteile verhalten, ist

$$P_1 : P_2 : P_3 \cdots = r_1 : r_2 : r_3 \cdots$$

Es ist

$$P_1 + P_2 + P_3 \cdots = P,$$

somit

$$r_1 = \frac{P_1}{P},$$

$$r_2 = \frac{P_2}{P} \text{ usw.}$$

Die Gaskonstante für Mischungen berechnet sich aus der Gleichung

$$R_m = \Sigma(g_i R_i) = 848 \sum \left(\frac{g_i}{M_i}\right) = \frac{848}{\Sigma(r_i M_i)}.$$

Die spez. Wärme von Gasgemischen ist gleich der Summe der Produkte aus den Gewichtsteilen mit den spez. Wärmen der Einzelgase:

$$c_{pm} = \Sigma(g_i c_{pi}),$$
$$c_{vm} = \Sigma(g_i c_{vi}).$$

Das Gewicht von 1 m^3 eines Gases bzw. eines Gasgemisches in kp berechnet sich, falls P und t gegeben sind, nach der Formel

$$\frac{1}{v} = \gamma = \frac{P}{RT},$$

oder wenn der spez. Druck P als H mm Q.S. bekannt ist,

$$\gamma = 13{,}596 \frac{H}{R} \frac{1}{(273 + t)}.$$

Hieraus ergibt sich das Gewicht G kp von V m³ trockener Luft von t^0 zu

$$G = 0{,}465 \frac{H\,V}{273 + t}.$$

Ist $P = 10\,000$ kp/m² = 1 kp/cm², so ist

$$G = \frac{1{,}252}{1 + \alpha t} V,$$

wobei $\frac{1}{273} = \alpha$ gesetzt ist.

Feuchte Luft wird nach den Formeln für Gasgemische berechnet.

1. 02 Zustandsänderungen der Gase

Im folgenden sind die wichtigsten Formeln für Zustandsänderungen von Gasen zur Berechnung der Wärmemenge und der geleisteten Arbeit angegeben.

Es bezeichne

Q die Wärmemenge je kp Gas in kcal/kp,
P den absoluten Druck in kp/m²,
p den Druck in kp/cm²,
$T = 273 + t$ die absolute Temperatur in °K,
t die Temperatur in ° C,
V den Rauminhalt in m³,
G das Gewicht in kp,
$v = \frac{V}{G}$ das spez. Volumen in m³/kp,
s die Entropie kcal/kp grd (s. S. 19)
$A = \frac{1}{427}$ das mechanische Wärmeäquivalent in kcal/mkp
L die geleistete Arbeit je kp Gas in mkp/kp.

Zwischen den beiden Gaszuständen 1 und 2 mögen folgende Zustandsänderungen stattfinden:

1. V konstant (Isochore):

$$\frac{P_1}{P_2} = \frac{T_1}{T_2},$$

$$Q = c_v (t_2 - t_1) = \frac{A}{x - 1} v (P_2 - P_1).$$

2. P konstant (Isobare):

$$\frac{V_1}{V_2} = \frac{T_1}{T_2},$$

$$L = P(v_2 - v_1) = GR(t_2 - t_1),$$

$$Q = c_p(t_2 - t_1) = \frac{x}{x-1} AL.$$

3. T konstant (Isotherme):

$$PV = \text{konstant},$$

$$\frac{P_1}{P_2} = \frac{V_2}{V_1},$$

$$L = RT \ln \frac{P_1}{P_2} = P_1 v_1 \ln \frac{P_1}{P_2},$$

$$Q = AL.$$

4. s konstant (Adiabate); $Q = 0$:

$$PV^x = \text{konstant},$$

$$TV^{x-1} = \text{konstant},$$

$$\frac{T}{P^{\frac{x-1}{x}}} = \text{konstant}$$

oder

$$\frac{P_1}{P_2} = \left(\frac{V_2}{V_1}\right)^x,$$

$$\frac{T_1}{T_2} = \left(\frac{V_2}{V_1}\right)^{x-1} = \left(\frac{P_1}{P_2}\right)^{\frac{x-1}{x}}.$$

$$L = \frac{c_v}{A}(t_1 - t_2) = \frac{P_1 v_1}{x-1}\left(1 - \frac{T_2}{T_1}\right).$$

5. Polytrope:

$$PV^n = \text{konstant}, \qquad 1 < n < x,$$

$$\frac{P_1}{P_2} = \left(\frac{V_2}{V_1}\right)^n,$$

$$\frac{T_1}{T_2} = \left(\frac{V_2}{V_1}\right)^{n-1} = \left(\frac{P_1}{P}\right)^{\frac{n-1}{n}},$$

$$L = \frac{R}{n-1}(t_1 - t_2) = \frac{P_1 v_1}{n-1}\left[1 - \left(\frac{V_1}{V_2}\right)^{n-1}\right]$$

$$= \frac{P_1 v_1}{n-1}\left(1 - \frac{T_2}{T_1}\right) = \frac{P_1 v_1}{n-1}\left[1 - \left(\frac{P_2}{P_1}\right)^{\frac{n-1}{n}}\right]$$

$$Q = \frac{x-n}{x-1} A L \text{ [kcal/kp]}.$$

1.03 Arbeitsprozesse.

1. Carnotscher Kreisprozeß.

Der Carnotsche Kreisprozeß wird gebildet durch 2 Isothermen 1 — 2 und 3 — 4, sowie 2 Adiabaten 2 — 3 und 4 — 1. Für die isothermische Expansion 1 — 2 ist T_1 konstant; die Temperatur sinkt jedoch während der folgenden adiabatischen Expansion von 2 — 3 auf T_2. Von Punkt 3 aus

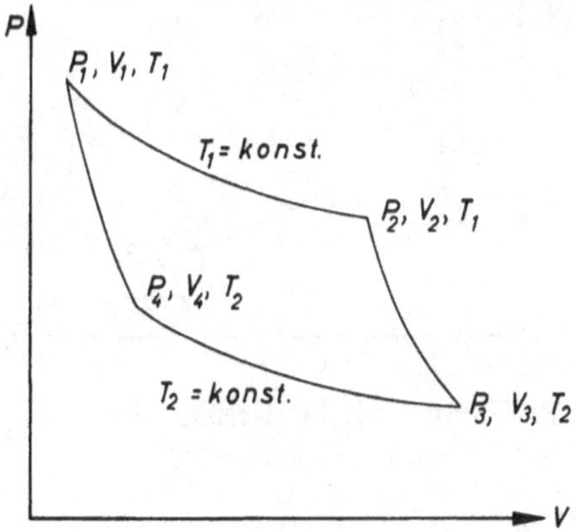

Abb. 1.

geschieht nun eine Kompression unter konstanter Temperatur T_2 bis zum Punkt 4, woselbst eine adiabatische Kompression bis zum Punkt 1 unter einer Temperaturerhöhung von T_2 auf T_1 einsetzt. (Abb. 1.)

Es bestehen für ihn die Gleichungen

$$P_1 : P_2 = P_4 : P_3 \text{ oder } P_1 P_3 = P_2 P_4,$$
$$T_1 : T_2 = T_4 : T_3 \text{ oder } T_1 T_3 = T_2 T_4,$$
$$V_1 : V_2 = V_4 : V_3 \text{ oder } V_1 V_3 = V_2 V_4,$$
$$V_1 P_1 = V_2 P_2,$$
$$\left(\frac{P_1}{P_4}\right)^{\frac{x-1}{x}} = \left(\frac{P_2}{P_3}\right)^{\frac{x-1}{x}} = \left(\frac{V_4}{V_1}\right)^{x-1} = \left(\frac{V_3}{V_2}\right)^{x-1} = \frac{T_1}{T_2},$$
$$L = GR\,(T_1 - T_2) \ln\left(\frac{P_1}{P_2}\right) = P_4 V_4 \left(\frac{T_1}{T_2} - 1\right) \ln\left(\frac{P_1}{P_2}\right) [\text{mkp}].$$

Der Wirkungsgrad η ist gleich $\frac{T_1 - T_2}{T_1}$.

2. Kreisprozeß gebildet aus 2 Polytropen mit gleichem Exponenten n und 2 Kurven $V =$ konstant. (Abb. 2.)

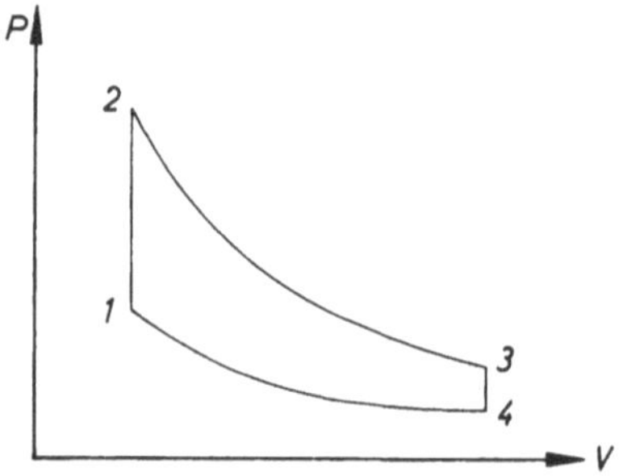

Abb. 2.

Dieser Kreisprozeß gilt für Gasmaschinen. Es bestehen die Gleichungen

$$\frac{T_1}{T_2} = \frac{T_4}{T_3} = \frac{P_1}{P_2} = \frac{P_4}{P_3},$$
$$\frac{T_1}{T_4} = \frac{T_2}{T_3} = \left(\frac{P_1}{P_4}\right)^{\frac{n-1}{n}} = \left(\frac{P_2}{P_3}\right)^{\frac{n-1}{n}} = \left(\frac{V_{4(3)}}{V_{1(2)}}\right)^{n-1},$$
$$L = \frac{P_4 V_4}{n-1} \left(\frac{P_2}{P_1} - 1\right) \left[\left(\frac{V_4}{V_1}\right)^{n-1} - 1\right] [\text{mkp}].$$

Wenn die Kurven 1 — 4 und 2 — 3 Adiabaten sind, so ist n durch x zu ersetzen. Für diesen Fall gelten dann noch die Formeln

$$L = \frac{Gc_v}{A}(T_2 - T_1 - T_3 + T_4) = \frac{Gc_v}{A} T_4 \left(\frac{P_2}{P_1} - 1\right)\left[\left(\frac{V_4}{V_1}\right)^{x-1} - 1\right],$$

$$\eta = 1 - \frac{T_3}{T_2} = 1 - \left(\frac{V_3}{V_2}\right)^{x-1}.$$

3. Arbeitsprozeß eines Verdichters. (Abb. 3.)

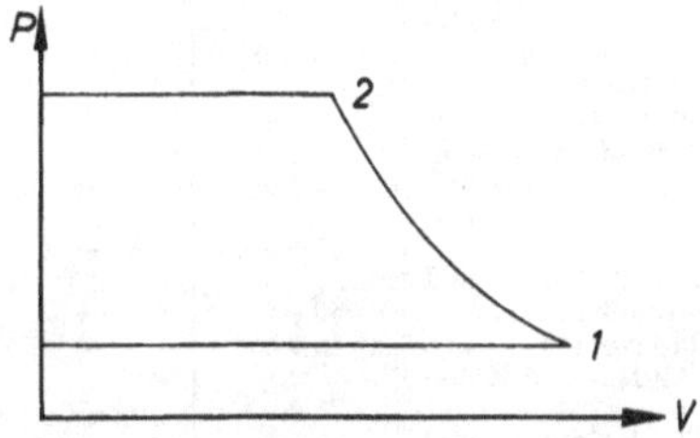

Abb. 3.

Der schädliche Raum sei vernachlässigt und die Kompression erfolge vom Punkt 1 bis 2:

a) nach einer Isotherme:
dann ist

$$L = G R T_1 \ln\left(\frac{P_2}{P_1}\right) = P_1 V_1 \ln\left(\frac{P_2}{P_1}\right) \text{ [mkp]}.$$

$$T_1 = T_2, \qquad P_1 V_1 = P_2 V_2,$$

$$Q_{12} = A L \text{ [kcal]};$$

b) nach einer Adiabate:

$$L = G \frac{x}{x-1} R (T_2 - T_1) = P_1 V_1 \frac{x}{x-1}\left(\frac{T_2}{T_1} - 1\right)$$

$$= P_1 V_1 \frac{x}{x-1}\left[\left(\frac{P_2}{P_1}\right)^{\frac{x-1}{x}} - 1\right] \text{ [mkp]}.$$

Für die Polytrope ist x durch n zu ersetzen.

$$Q_{12} = \frac{x-n}{x-1}\frac{1}{n} A L \text{ [kcal]}.$$

1.04 Wärmewirkungsgrade von Kesseln, Gaserzeugern und Kraftmaschinen

Tafel 2. Wirkungsgrade in % bei betriebsmäßiger Belastung

Betriebsart	Kessel oder Gaserzeuger	Kraftmaschine ausschl. Kessel oder Gaserzeuger	Kraftmaschine einschl. Kessel oder Gaserzeuger
Kessel mit Überhitzer und Wasservorwärmer (Kohlenfeuerung)	70÷80	—	—
Kessel (Gas- und Ölfeuerung) ...	70÷85	—	—
Abstichgaserzeuger mit Koks und voller Wärmeausnützung	82÷89	—	—
Gewöhnlicher Gaserzeuger mit voller Wärmeausnützung und ohne Gewinnung von Nebenerzeugnissen	75÷85	—	—
Kaltgaserzeuger mit Teergewinnung	65÷80	—	—
Kaltgaserzeuger mit Teer- und Ammoniakgewinnung	50÷60	—	—
Hochofen als Gaserzeuger	45÷55	—	—
Koksofen mit Kaltgas- und Koksgewinnung	75÷80	—	—
Gasanstalt mit Kaltgas- und Koksgewinnung	60÷75	—	—
Dampflokomotive	—	—	3÷7
Kleine Auspuffmaschine, Dampfpressen und -scheren (ungleichmäßiger Betrieb)	—	—	3÷6
Auspuffdampfmaschine bei Vollast	—	—	7÷9
Kolbenmaschine mit Kondensator	—	—	9÷16
Dampfturbine mit Großkraftwerk	—	—	13÷17
Großgasmaschine	—	20÷24	—
Großgasmaschine mit Abhitzekessel......................	—	23÷28	—
Großgasmaschine mit Abhitzekessel und Kühlwasserverdampfung	—	25÷31	—
Großgasmaschine mit Abhitzekessel......................	—	—	18÷22
Großgasmaschine mit Abhitzekessel und Teergewinnung	—	—	17÷21
Ottomotor für Flugzeuge	—	26÷31	—
Personenkraftwagen			
Zweitakt	—	17÷18	—
Viertakt	—	21÷29	—
Gasturbine	—	22÷34	—
Dieselmaschine ohne Abhitze- und Kühlwasserverwertung ...	—	28÷35	—

1.05 Ausfluß der Gase und Dämpfe aus Öffnungen

Es bezeichne

F den Querschnitt der Ausflußöffnung in m²,
P_1 den konstanten Druck im Ausflußgefäß in kp/m²,
P_2 den Druck in der Mündungsebene in kp/m²,
t_1 die Temperatur im Ausflußgefäß in ° C,
v_1 das spez. Volumen in m³/kp bei dem Druck P_1 und der Temperatur t_1,
α den Kontraktionskoeffizienten,
φ den Geschwindigkeitskoeffizienten,
$\mu = \alpha\varphi$ den Ausflußkoeffizienten,
$g = 9{,}81$ m/s²,

$\varkappa = \dfrac{c_p}{c_v}$, für Luft $\varkappa = 1{,}41$, für ges. Wasserdampf $\varkappa = 1{,}135$, für überh. Wasserdampf $\varkappa = 1{,}33$.

Nach Zeuner ist die Geschwindigkeit des ausströmenden Gases

$$w = \varphi \sqrt{2g \frac{\varkappa}{\varkappa - 1} P_1 v_1 \left[1 - \left(\frac{P_2}{P_1}\right)^{\frac{\varkappa-1}{\varkappa}}\right]} \ \text{[m/s]}$$

und die Ausflußmenge

$$Q = \mu F \sqrt{2g \frac{\varkappa}{\varkappa - 1} \frac{P_1}{v_1} \left[\left(\frac{P_2}{P_1}\right)^{\frac{2}{\varkappa}} - \left(\frac{P_2}{P_1}\right)^{\frac{\varkappa+1}{\varkappa}}\right]} \ [\text{m}^3/\text{s}].$$

Die Reibung kann statt durch Einführung des Wertes φ durch passende Annahme von m (statt $\varkappa$) berücksichtigt werden. m heißt Ausflußexponent und ist $< \varkappa$. Dann wird

$$Q = \alpha F \sqrt{2g \frac{\varkappa}{\varkappa - 1} \frac{P_1}{v_1} \left[\left(\frac{P_2}{P_1}\right)^{\frac{2}{m}} - \left(\frac{P_2}{P_1}\right)^{\frac{m+1}{m}}\right]} \ [\text{m}^3/\text{s}].$$

Hierin ist

$$m = \frac{\varkappa(1 + \zeta)}{1 + \varkappa\zeta}.$$

ζ heißt Widerstandszahl.

Tafel 3. Koeffizienten nach Grashof und Weisbach:

Art der Ausflußmündung	$\frac{p_1}{p_2}$	α	φ	ζ	m	μ
Kreisförmig (14 mm ∅) in dünner Wand	1,05	0,654	0,981	0,04	1,388	0,641
	1,09	0,651	0,981	0,04	1,388	0,638
	1,36	0,649	0,981	0,04	1,388	0,635
Kurzes zylindr. Ansatzrohr (14 mm ∅)	1,08	1	0,821	0,490	1,243	0,815
	1,41	1	0,838	0,444	1,252	0,813
	1,70	1	0,866	0,362	1,271	0,831
Kurzes konisches Ansatzrohr (10 mm ∅ an Mündung)	1,24	1	0,983	0,034	1,392	0,981
	1,38	1	0,990	0,022	1,398	0,988
	1,60	1	0,975	0,054	1,381	0,969

1.06 Wasserdampf

Tafel 4: Zustandsgrößen von Wasserdampf bei Sättigung

Dampfdruck		Temperatur	Flüssigkeitswärme	Verdampfungswärme r		Gesamtwärme	Spez. Gewicht	Spez. Volumen
				innere	äußere			
p	h	t	i'	ϱ	ψ	i''	γ''	v''
kp/cm²	mm Q.S.	°C	kcal/kp	kcal/kp	kcal/kp	kcal/kp	kp/m³	m³/kp
0,1	73,6	45,45	45,41	536,6	35	617,0	0,0669	14,95
0,2	147,1	59,67	59,61	527,0	36,5	623,1	0,1283	7,795
0,4	294,2	75,42	75,36	516,0	38,1	629,5	0,2458	4,069
0,6	441,3	85,41	85,41	508,9	39,1	633,4	0,3594	2,783
0,8	588,4	92,99	92,99	503,4	39,8	636,2	0,4705	2,125
1,0	735,5	99,09	99,12	499,0	40,4	638,5	0,5797	1,725
1,2	882,6	104,25	104,32	495,1	40,9	640,3	0,6875	1,455
1,4	1030	108,74	108,85	491,9	41,2	642,0	0,7942	1,259
1,6	1177	112,73	112,89	489,0	41,6	643,5	0,8999	1,111
2,0	1471	119,62	119,87	483,7	42,2	645,8	1,109	0,9016
2,5	1839	126,77	127,2	478,3	42,8	648,3	1,367	0,7327
3,0	2206	132,88	133,4	473,7	43,2	650,3	1,622	0,6166
3,5	2574	138,18	138,8	469,4	43,7	651,9	1,874	0,5339
4,0	2942	142,92	143,6	465,8	44,0	653,4	2,125	0,4706
4,5	3310	147,20	148,0	462,4	44,3	654,7	2,374	0,4213
5,0	3678	151,11	152,1	459,1	44,6	655,8	2,621	0,3816
5,5	4045	154,71	155,8	456,3	44,8	656,9	2,817	0,3489
6,0	4413	158,08	159,3	453,5	45,0	657,8	3,112	0,3213

noch Tafel 4

Dampfdruck p kp/cm²	Dampfdruck h mm Q.S.	Temperatur t °C	Flüssigkeitswärme i' kcal/kp	Verdampfungswärme r innere ϱ kcal/kp	Verdampfungswärme r äußere ψ kcal/kp	Gesamtwärme i'' kcal/kp	Spez. Gewicht γ'' kp/m³	Spez. Volumen v'' m³/kp
6,5	4781	161,15	162,6	451,0	45,2	658,7	3,356	0,2980
7,0	5149	164,17	165,6	448,4	45,4	659,4	3,600	0,2778
7,5	5516	166,96	168,5	446,2	45,5	660,2	3,842	0,2602
8,0	5884	169,61	171,3	443,8	45,7	660,8	4,085	0,2448
8,5	6252	172,11	173,9	441,7	45,8	661,4	4,327	0,2311
9,0	6620	174,35	176,4	439,7	45,9	662,0	4,568	0,2189
9,5	6987	176,82	178,9	437,6	46,0	662,5	4,809	0,2080
10	7355	179,04	181,2	435,7	46,1	663,0	5,049	0,1981
11	8091	183,20	185,6	432,0	46,3	663,9	5,530	0,1808
12	8826	187,08	189,7	428,6	46,4	664,7	6,010	0,1664
13	9562	190,71	193,5	425,3	46,6	665,4	6,488	0,1541
14	10297	194,13	197,1	422,2	46,7	666,0	6,967	0,1435
15	11033	197,36	200,6	419,2	46,8	666,6	7,446	0,1343
16	11768	200,43	203,9	416,3	46,9	667,1	7,925	0,1262
20	14710	211,38	215,8	405,7	47,0	668,5	9,846	0,1016
25	18388	222,97	228,4	393,9	47,1	669,4	12,27	0,0817
30	22065	232,76	239,5	383,3	46,9	669,7	14,70	0,0680
35	25743	241,41	249,4	373,4	46,8	669,6	17,18	0,0583
40	29421	249,18	258,2	364,4	46,4	669,0	19,69	0,0508
50	36776	262,70	274,2	347,5	45,6	667,3	24,85	0,0402
60	44130	274,29	288,4	331,9	44,7	665,0	30,21	0,0331
70	51486	284,48	300,9	317,6	43,6	662,1	35,78	0,0279
80	58842	293,62	312,6	303,8	42,5	658,9	41,60	0,0240
90	66197	301,92	323,6	290,3	41,2	655,1	47,71	0,0210
100	73550	309,53	334,0	277,3	39,8	651,1	54,21	0,0185
120	88260	323,15	353,9	251,2	36,8	641,9	68,42	0,0146
150	110326	340,56	381,7	211,6	31,6	624,9	93,90	0,0106
200	147100	364,08	431,5	131,2	19,6	582,3	161,2	0,0062
225,6	165929	374,2	505	0	0	505	329	0,0030

Die gesamte Wärmemenge i'', welche zur Verwandlung von 1 kp Wasser von 0^0 in Sattdampf von t^0 erforderlich ist, setzt sich zusammen:

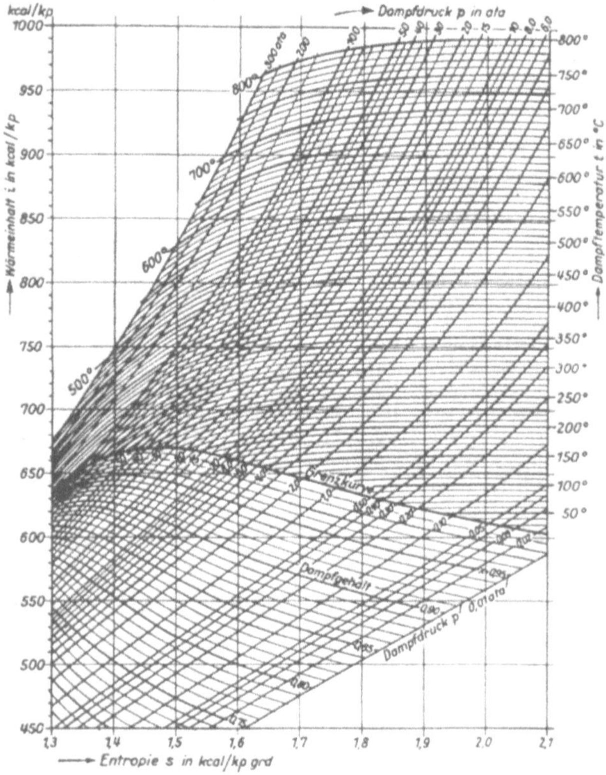
kcal/kp
Dampfdruck p in ata
Wärmeinhalt i in kcal/kp
Dampftemperatur t in °C
Entropie s in kcal/kp grd
Grenzkurve
Dampfgehalt
Dampfdruck p' 0,01ata
1000
950
900
850
800
750
700
650
600
550
500
450
1,3
1,4
1,5
1,6
1,7
1,8
1,9
2,0
2,1
800°
750°
700°
650°
600°
550°
500°
450°
400°
350°
300°
250°
200°
150°
100°
50°

Abb. 4

1. **aus der Flüssigkeitswärme i', welche 1 kp Wasser von 0^0 auf t^0 erwärmt,**
2. aus der Verdampfungswärme r, welche 1 kp Wasser von t^0 in Dampf von t^0 überführt.

Es ist $i'' = i' + r$.

Die Verdampfungswärme r wird gebildet:

1. **durch die innere latente Wärme ϱ,**
2. durch die äußere Wärme $\psi = A \cdot P \cdot (v'' - v')$, welche zur Überwindung der äußeren Arbeit infolge der Raumvergrößerung dient.

$P =$ spez. Druck in kp/m²,

$v'' - v' =$ Volumenvergrößerung in m³/kp

$A = \frac{1}{427}$.

Durch weitere Wärmezufuhr entsteht überhitzter Wasserdampf. Die Zustandsgrößen von überhitztem Dampf sind nur durch verwickelte Gleichungen darstellbar. Einfacher ist die Benutzung des Mollier (i, s)-Diagramms für Wasserdampf (Abb. 4). Hierin ist i in kcal/kp der Wärmeinhalt (Enthalpie) des Dampfes und s in kcal/kp grd die Entropie. Die Entropie ist eine Kenngröße für den Arbeitswert von Gasen oder Dämpfen und ergibt sich aus

$$ds = \frac{dQ}{dT}.$$

1.07 Spez. Wärme fester, flüssiger und gasförmiger Körper

Die spez. Wärme ist die Wärmemenge in kcal[1]), die erforderlich ist, um die Temperatur von 1 kp des Körpers um 1 °C zu erhöhen.

---

[1]) Eine große Wärmeeinheit (1 kp-Kalorie) ist die Wärmemenge, die erforderlich ist, um die Temperatur von 1 kp Wasser um 1° zu erhöhen: 1 kcal = 1000 ca.l

Tafel 25: Spez. Wärme

Feste Körper	Mittlere spezifische Wärme kcal/kp
Aluminium	0,22
Antimon	0,05
Basalt	0,20
Beton	0,21
Blei	0,031
Eis	0,502
Gips	0,20
Glas	0,20
Gold	0,032
Granit	0,2
Graphit	0,21
Hölzer: Eiche	0,57
Hölzer: Fichte	0,65
Hölzer: Tanne	0,65
Kadmium	0,056
Koks	0,20
Konstantan	0,098
Kupfer	0,093
Magnesium	0,24
Marmor	0,21
Messing	0,093
Nickel	0,11
Platin	0,04
Quarz	0,19
Roheisen	0,13
Sandstein	0,22
Stahl (Eisen)	0,11
Schlacke	0,18
Schwefel	0,18
Silber	0,057
Steinkohle	0,24
Steinsalz	0,22
Wismut	0,031
Ziegelsteine	0,189÷0,241
Zink	0,094
Zinn	0,055

Flüssige Körper	Mittl. spez. Wärme kcal/kp
Äther	0,54
Alkohol	0,58
Ammoniak	1,00
Benzol	0,44
Glyzerin	0,58
Olivenöl	0,35
Petroleum	0,50
Quecksilber	0,033
Schwefelsäure	0,33
Terpentinöl	0,42
Wasser	1,011
Maschinenöl	0,40

Gasförmige Körper	Spez. Wärme*) kcal/kp c_p	c_v
Ammoniak	0,491	0,374
Alkohol	0,453	0,4
Benzol	0,33	0,305
Kohlenoxyd	0,249	0,177
Kohlensäure	0,196	0,15
Luft	0,24	0,171
Sauerstoff	0,219	0,157
Stickstoff	0,248	0,177
Schweflige Säure	0,145	0,114
Wasserdampf	0,48	0,37
Wasserstoff	3,4	2,41

*) vgl. S. 7

Die Werte der spez. Wärme für feste und flüssige Körper beziehen sich auf eine Temperatur von 0 bis 100° C.

1.08 Schmelz- oder Gefrier- und Siedepunkte

(Bei einem Druck von 760 mm Q.S.)

Dieses sind diejenigen Temperaturen, bei denen der feste Körper in den flüssigen Zustand (Schmelzpunkt) bzw. der flüssige Körper in den festen Zustand (Gefrierpunkt) bzw. der flüssige Körper in den dampfförmigen Zustand (Siedepunkt) übergeht.

Tafel 6: Schmelz- oder Gefrier- und Siedepunkte

Körper	Schmelz- oder Gefrierpunkt °C	Siedepunkt °C
Wolfram	3395	4830
Tantal	3030	—
Osmium	2500	—
Iridium	2360	—
Rhodium	1966	—
Platin	1774	3800
Palladium	1557	2200
Porzellan	1550	—
Stahl mit 0,2 % C	1500	—
Stahl mit 0,6 % C	1470	—
Nickel	1452	2340
Eisenhochofenschlacke	1300 ÷ 1430	—
Mangan	1245	1900
Grauguß (grau)	1200	—
Grauguß (weiß)	1130	—
Glas	1000 ÷ 1400	—
Kupfer	1083	1500
Gold	1063	2677
Bronze GBz 10	1020	—
Silber	960	2050
Delta-Metall	950	—
Messing Ms 58	900	—
Antimon	630	1300
Aluminium	659	~ 2000
Zink	419	907
Blei	327	1730

noch Tafel 6

Körper	Schmelz- oder Gefrierpunkt °C	Siedepunkt °C
Wismut	271	1420
Zinn	232	2275
Weichlote	135 ÷ 200	—
Wismutlote	94 ÷ 128	—
Kautschuk	125	—
Schwefel	115	444,6
Naphthalin	80	—
Wachs	64	—
Paraffin	54	300
Phosphor	44	280
Wasser	0	100
Seewasser	— 2,5	103
Terpentin	— 10	160
Kochsalzlösung (gesättigt)	— 18	108
Glyzerin	— 19	290
Quecksilber	— 38,9	357
Chlorkalziumlösung (gesättigt)	— 40	—
Chloroform	— 64	—
Ammoniak	— 78	— 33,4
Kohlensäure (flüssig)	— 79	— 78
Schweflige Säure	— 76	— 10
Toluol	— 92	—
Alkohol (abs.)	— 110	78,5
Äther	— 118	34,5
Stickstoff	— 210	— 195,8
Sauerstoff	— 227	— 183
Schwefelsäure (spez. Gew. 1,85)	—	325
Fette	—	300 ÷ 325
Petroleum	—	150
Benzin	—	90 ÷ 110

1.09 Schmelzwärme

Die Schmelzwärme ist die Anzahl der kp-Kalorien, welche verbraucht werden, um 1 kp des Körpers aus dem festen in den flüssigen Zustand ohne Erhöhung der Temperatur überzuführen. Das Analoge gilt für das Erstarren des flüssigen Körpers.

Tafel 7: Schmelzwärme

Körper	kcal/kp	Körper	kcal/kp
Blei	5,7	Quecksilber	2,8
Eis (Wasser)	80,4	Grauguß	23
Glyzerin	42,5	Roheisen	33
Nickel	56	Schwefel	9,4
Stahl	65	Silber	25
Kupfer	50	Salpeter	63
Paraffin	35,1	Zink	26,8
Phosphor	5,2	Zinn	14
Platin	27,2		

1.10 Kältemischungen

Die in der Tafel angegebene niedrigste Temperatur ist der Gefrierpunkt der Lösung.

Tafel 8: Kältemischungen

Mischung	Gewichtsteile	Temperaturerniedrigung °C	
		von	bis
Natriumphosphat, Salmiak, verd. Salpetersäure	9: 6: 4	+ 12,5	— 6
Natriumphosphat, verd. Salpetersäure	9: 4	+ 15	— 9
Salmiak, Salpeter, Wasser	5: 5: 16	+ 10	— 12
Ammoniumnitrat, Wasser	1: 1	+ 10	— 16
Chlornatrium, Schnee	1: 1	0	— 18
Salpeter, Salmiak, Wasser	1: 1: 1	+ 8	— 24
Chlorkalzium, Schnee	3: 2	0	— 33
Verd. Salpetersäure, Schnee	1: 1	— 14	— 35
Verd. Schwefelsäure, verd. Salpetersäure, Schnee	1: 1: 2	— 19	— 40
Verd. Schwefelsäure, Schnee	1: 1	— 5	— 41

1.11 Verdampfungswärme

Die Verdampfungswärme einer Flüssigkeit ist die Anzahl der kcal, die verbraucht werden, um 1 kp der Flüssigkeit aus dem flüssigen in den dampfförmigen Zustand ohne Erhöhung der Temperatur überzuführen. Dieselbe Wärmemenge wird beim Kondensieren des Dampfes frei.

Tafel 9: Verdampfungswärme

Körper	kcal/kp
Äther	90
Alkohol	210
Ammoniak (bei 0°)	327
Benzol	105
Kohlensäure (bei 0°)	56
Quecksilber	68
Schwefel	70
Schweflige Säure (bei 0°)	95
Terpentin	70
Wasser	539

1. 12 Wärmeausdehnung

1. Längenausdehnungszahlen für feste und flüssige Körper.

Unter dem Längenausdehnungskoeffizienten α versteht man die Verlängerung (α cm) der Längeneinheit (1 cm) des Körpers bei einer Temperaturerhöhung um 1 °C.

Die Ausdehnungs- bzw. Zusammenziehungskraft eines prismatischen Stabes bei einer Temperaturänderung ist

$$P = \alpha E F (t_1 - t_2) \text{ [kp]},$$

worin

E der Elastizitätsmodul in kp/cm²,
F der Querschnitt in cm²,
$t_1 - t_2$ die Temperaturänderung in °C

ist.

Ein Stab von der Länge l cm dehnt sich bei einer Erwärmung um $t_1 - t_2$ °C aus um

$$\Delta l = \alpha l (t_1 - t_2) \text{ [cm]}.$$

Tafel 10: Werte für α

Körper	α	Körper	α
Aluminium ...	0,000023	Magnesium	0,000026
Blei	0,000029	Messing	19
Bronze	18	Neusilber	18
Stahl	12	Nickel	13
Glas	06 ÷ 09	Platin	09
Gold	14	Porzellan	03
Grauguß	9	Schwefel	70
Hartgummi ..	80	Silber	19
Holz (längs) ..	03 ÷ 10	Zement (Beton) .	14
Holz (quer) ..	30 ÷ 60	Zink...........	29
Konstantan ..	15	Zinn...........	23
Kupfer	17		

2. Raumausdehnungszahlen.

Für homogene Körper ist der Raumausdehnungskoeffizient γ, d. h. die Vergrößerung (γ cm³) der Volumeneinheit (1 cm³) bei einer Temperaturerhöhung um 1° C

$$\gamma = 3\alpha.$$

Die Flächenausdehnungszahl β ist gleich 2α.

Tafel 11: Werte für γ

Körper	γ
Äther.....................	0,00160
Alkohol	110
Benzol	120
Glyzerin	050
Petroleum...............	100
Quecksilber	018
Terpentin	100
Wasser (Mittel)............	018

Die Ausdehnungszahl aller Gase bei gleichbleibendem Druck beträgt $\gamma = \frac{1}{273}$ bezogen auf das Volumen bei 0° C.

3. Allgemeine Formeln.

Es sei

l_1, F_1, V_1 Länge, Fläche und Volumen eines Körpers bei t_1° C, so ist

$$\left.\begin{aligned}\frac{l_1}{l_2} &= \frac{1+\alpha t_1}{1+\alpha t_2}\\ \frac{F_1}{F_2} &= \frac{1+2\alpha t_1}{1+2\alpha t_2}\end{aligned}\right\}\text{für feste Körper,}$$

$$\frac{V_1}{V_2} = \frac{1+\gamma t_1}{1+\gamma t_2}\ \text{für feste und flüssige Körper,}$$

$$\frac{V_1}{V_2} = \frac{273+t_2}{273+t_1}\ \text{für gasförmige Körper.}$$

Dementsprechend ist angenähert:

$$l_2 - l_1 = l_1 \cdot \alpha\,(t_2 - t_1),$$
$$F_2 - F_1 = F_1 \cdot 2\alpha\,(t_2 - t_1),$$
$$V_2 - V_1 = V_1 \cdot \gamma\,(t_2 - t_1)$$

$$\text{bzw. } V_2 - V_1 = V_0 \cdot \frac{t_2 - t_1}{273} = V_1 \cdot \frac{t_2 - t_1}{273 + t_1}.$$

1.13 Längenschwindmaße von Metallen und Hölzern

Unter Schwindmaß eines Gußstückes versteht man die Verkleinerung der Längenabmessungen beim Erstarren und Erkalten.

Tafel 12: Schwindmaße von Metallen

Metalle	Schwindmaß Verhältnis	Schwindmaß cm auf 1 m
Wismut	1:265	0,3 bis 0,4
Zinn	1:128	0,78
Grauguß	1:96	1,04
Blei	1:92	1,09
Bronze	1:63	1,59
Glockenmetall	1:65	1,54
Messing	1:65	1,54
Stahl	1:64	1,56
Zink	1:62	1,61
Stahlguß	1:50	2,00

Das Schwinden des Holzes wird durch Austrocknung verursacht. Folgendes sind die Schwindmaße der wichtigsten Holzarten:

Tafel 13: Schwindmaße von Hölzern

Holzart	Größe des Schwindens in Richtung		
	der Achse %	des Halbmessers %	der Sehne %
Ahorn	0,072	3,35	6,59
Apfelbaum	0,109	3,00	7,39
Birke	0,222	3,86	9,30
Birke, russische	0,065	7,19	8,17
Birnbaum	0,228	3,94	12,70
Buchsbaum	0,026	6,02	10,20
Ebenholz	0,010	2,13	4,07
Eiche, jung	0,400	3,90	7,55
Eiche, 300 Jahre altes Bauholz	0,130	3,13	7,78
Erle	0,369	2,91	5,07
Esche, jung	0,821	4,05	6,56
Esche, 300 Jahre altes Bauholz	0,187	3,84	7,02
Fichte (Rottanne)	0,076	2,41	6,18
Guajak (Pockholz)	0,625	5,18	7,50
Kiefer (Föhre)	0,120	3,04	5,72
Kirschbaum	0,112	2,85	6,95
Lärche	0,075	2,17	6,32
Linde	0,208	7,79	11,50
Mahagoni	0,110	1,09	1,79
Nußbaum	0,223	3,53	6,25
Pappel	0,125	2,59	6,40
Pflaumenbaum	0,025	2,02	5,22
Roßkastanie	0,088	1,84	5,82
Rotbuche	0,200	5,03	8,06
Tanne (Weißtanne), jung	0,122	2,91	6,72
Tanne, 300 Jahre altes Bauholz	0,086	4,82	8,13
Ulme (Rüster, Yper)	0,124	2,94	6,22
Weide	0,697	2,48	7,31
Weimutskiefer (Strobe)	0,160	1,80	5,00
Weißbuche	0,400	6,66	10,90
Zeder	0,017	1,30	3,38

1.14. Wärmeleitung und Wärmestrahlung

Wärme pflanzt sich von einem Körper auf einen andern durch Leitung und Strahlung fort.

1. Wärmeleitung.

Es bedeute

$\Delta t = t_1 - t_2$ den Temperaturunterschied zweier durch eine Wand getrennter Flüssigkeiten,

F die Größe der Wand in m²

δ die Dicke der Wand in m,

λ die Wärmeleitzahl in kcal/m²h °C,

k die Wärmedurchgangszahl in kcal/m²h °C.

α_1, α_2 die Wärmeübergangszahlen der beiden Flüssigkeiten, d. h. die stündlich auf 1 m² Fläche und 1° Temperaturunterschied übergehende Wärmemenge,

Q die übergehende Wärme in kcal,

z die Übergangsdauer in Stunden.

Werte für α:

für siedendes Wasser	2000 ÷ 6000
für nichtsiedendes Wasser (ruhend)	500
für kondensierenden Wasserdampf	÷ 10 000
für Gase und Luft (ruhend)	4
für Gase und Luft (mit Geschwindigkeit v [m/s] (strömend)	$2 + 10\sqrt{v}$

Dann besteht die Gleichung

$$Q = k F z \Delta t = \frac{1}{\frac{1}{\alpha_1} + \frac{1}{\alpha_2} + \frac{\delta}{\lambda}} F z \Delta t.$$

Bei einem Wärmeübergang zwischen einer Körperoberfläche und einem Gas (Dampf) bzw. Flüssigkeit ist

$$Q = \alpha F z \Delta t,$$

wobei Δt die Temperaturdifferenz von Wandung und Dampf bedeutet.

Unter der Wärmeleitzahl λ versteht man die Anzahl der kcal, welche stündlich durch einen Querschnitt von 1 m² hindurchfließen, wenn auf der Strecke von 1 m ein Temperaturgefälle von 1° C besteht.

Tafel 14: Werte für Wärmeleitzahl λ

Stoff	λ	Stoff	λ
Metalle:		Hochofenschlackenbeton	0,2
Aluminium	175	Ziegelstein	0,34÷0,45
Blei	30	Ziegelmauerwerk (normal feucht)	0,6÷0,8
Eisen	40÷50	Hohlziegelmauerwerk	0,27
Gold	265	Bruchsteinmauerwerk	1,3÷2,1
Kupfer	300÷340	Verputz	0,5÷0,6
Nickel	50	Gußasphalt	0,6
Platin	60	Asbestschiefer	0,19
Silber	360	Linoleum	0,16
Zink	90	**Flüssigkeiten:**	
Zinn	56	Alkohol	0,15÷0,20
Messing	80÷90	Benzol	0,12
Rotguß	55	Glyzerin (wasserfrei)	0,25
Neusilber	25	Olivenöl	0,15
Woods-Legierung	11,5	Mineral. Schmieröl	0,1
Konstantan	20	Petroleum	0,13
Manganin	20	Quecksilber	6,5
Baustoffe:		Wasser	0,5÷0,6
Eiche ⊥ Faser	0,18	**Sonstige Stoffe:**	
„ ∥ „	0,36	Eis	1,5
Kiefer ⊥ „	0,14	Glas	0,5÷0,8
„ ∥ „ „	0,30	Porzellan	0,9
Flußsand 0% Feuchtigkeit	0,28	Steinkohle	0,12÷0,15
„ 6,9% „	0,97	Retortenkohle	3,7
Granit	2,7÷3,5	Kohlenstaub	0,1
Gneis	3,4	Kesselstein	0,5÷2
Basalt	1,1÷2,4	Kautschuck	0,1÷0,2
Marmor	1,8÷3,0	Zelluloid	0,18
Sandstein	1,1÷1,5	Sohlleder	0,14
Kalkstein	0,6÷0,8	Luft	0,02
Kreide	0,8	Platten aus Kork, Torf oder Filz	0,04÷0,08
Gips (gegossen)	0.32	Strohfaser	0,043
Zement (abgebunden)	0,9		
Beton	0,7÷1,2		

Bei 1000° C ist λ für Schamotte-Steine 0,82
Magnesit- „ 1,43
Silica- „ 1,19
Dinas- „ 1,13

Bei 300° C ist λ für Schlackenwolle 0,75
Glaswolle (regellos gestopft)... 0,037

Tafel 15: Wärmeleitzahl λ

Körper	Temperatur °C				
	0	100	200	300	500
Asbest	0,130	0,167	0,180	0.186	0,198
Kieselgur-Formsteine	0,064	0,078	0,092	0,106	—
Kieselgur lose	0,052	0,066	0,074	0,078	—
Baumwolle	0,047	0,059	—	—	—
Seide	0,038	0,051	—	—	—
Wolle	0,033	0,050	—	—	—
Korkmehl	0,031	0,048	0,055	—	—
Rheinischer Bimskies	0,20 (20 ÷ 65° C)				
Korkstein (asphaltiert)	0,061 (10 ÷ 57° C)				
Sägemehl	0,055 (20 ÷ 136° C)				
Torfmull	0,055 ÷ 0,070 (20 ÷ 40° C)				

2. Wärmestrahlung.

Der Wärmeaustausch zweier sich gegenüberstehender Körper geschieht nach dem Stefan-Boltzmannschen Gesetz

$$Q = C\,F\,z\left[\left(\frac{T_1}{100}\right)^4 - \left(\frac{T_2}{100}\right)^4\right].$$

Hierin bedeutet

Q die ausgetauschte Wärmemenge in kcal,
F die Größe der Oberfläche des umgebenen Körpers in m^2
z die Zeit in Stunden,
$T_1 = 273 + t_1$,
$T_2 = 273 + t_2$,
t_1 die Temperatur der strahlenden Fläche,
t_2 die Temperatur der bestrahlten Fläche,
C eine Konstante.

Werte für C: für schwarze Körper 4,95,

für Mauerwerk, für Papier, für Holz, für glühende Brennstoffe ~ 4.

Tafel 16: Wärmeisolation

Umhüllung von 30 mm Stärke mit	Isolation in % des Wärmeverlustes bei unbekleidetem Rohr
Strohseil mit Lehm	43
Asbestschnur	48
Kieselgur	62
Kieselgur mit Kork	74
Kieselgur mit organischen Bestandteilen (gebrannt)	80
Kunsttuffsteinschalen	72
Korkschalen	76
Rohseidenzöpfe	81
Filz	87
Diatomitschalen (bandagiert)	67
Diatomitschalen mit Filz	77

1.15 Chemische Zusammensetzung der wichtigsten Brennstoffe

Tafel 17: Getrocknetes Holz

Art	C %	H %	O %	N %	Asche %
Buche	49,06	6,11	44,17	0,09	0,57
Eiche	50,16	6,02	43,45		0,37
Fichte............	50,31	6,20	43,08	0,04	0,37
Tanne	50,36	5,92	43,39	0,05	0,28

Tafel 18: Braunkohle

Art und Herkunft	Brennb. Bestandteile %	Wasser %	Asche %	Koks %	flücht. Bestandteile %	fest. C %	C %	H %	O %	S %
Lignit	43,76	40,35	15,89	34,00	26,65	18,11	65,8	5,8	10,0	6,6
Sachsen	47,20	47,75	5,35	24,98	27,57	19,63	65,9	5,9	11,5	8,2
	÷	÷	÷	÷	÷	÷	÷	÷	÷	÷
	64,55	27,63	8,32	35,59	37,28	27,27	73,1	6,8	26,0	2,7
Rheinland	41,00	56,00	3,00	22,20	21,80	19,20	68,2	4,5	21,6	1,2
Böhmen	86,98	10,01	3,00	—	—	—	75,6	5,8	12,1	0,8

Tafel 19: Steinkohle

Art	C %	H %	O %	Koksmenge nach Destillation Gew.-%
Trockene Kohle mit langer Flamme (Sandkohle)	75÷80	4,5÷5,5	12,5÷15,0	50÷60
Fette Kohle mit langer Flamme (Gaskohle)	80÷85	5,0÷5,8	10,2÷14,2	60÷80
Fette Kohle (Schmiedekohle)	84÷89	5,0÷5,5	5,5÷11,0	68÷74
Fette Kohle mit kurzer Flamme (Kokskohle)	88÷91	4,5÷5,5	5,5÷ 6,8	74÷82
Magere Kohle oder Anthrazit mit kurzer Flamme	90÷93	4,0÷4,5	3,0÷ 5,5	82÷92

Tafel 20: Gaskoks

Art (Herkunft)	Wasser %	Asche %	Koks %	C %	H %	S %
Ruhr	1,53÷2,33	6,50÷11,18	95,2÷98,0	92,9÷93,8	0,8÷1,2	1,0÷1,4
Saar	0,96÷1,79	6,52÷10,27	98,3÷45,4	95,2÷94,3	0,8÷1,1	0,9÷1,6
Oberschlesien	3,73	6,41	94,3	96,1	0,6	1,1

Tafel 21: Gasförmige Brennstoffe

Art	in 1 m³ Gas sind enthalten						
	CO_2 m³	CO m³	CH_4 m³	C_nH_m m³	H m³	N m³	C kp
Koksluftgas	0,018	0,325	0,004	—	0,02	0,633	0,186
Hochofengas	0,093	0,302	—	—	0,019	0,586	0,212
Koksmischgas	0,08	0,24	—	—	0,15	0,53	0,172
Steinkohlengeneratorgas	0,070	0,244	0,02	0,002	0,120	0,554	0,181
Leuchtgas	0,02	0,08	0,34	0,04	0,49	0,03	0,279
Rohbraunkohlengeneratorgas	0,088	0,234	0,006	0,002	0,113	0,557	0,178
Braunkohlenbrikettgeneratorgas	0,035	0,315	0,02	0,004	0,075	0,551	0,203
Braunkohlenbrikettgeneratormischgas	0,050	0,300	0,02	0,004	0,136	0,490	0,205
Koksofengas	0,022	0,063	0,292	—	0,505	0,094	0,228
Wassergas	0,030	0,405	0,005	0,024	0,525	0,035	0,236
Mondgas aus Kohle	0,163	0,102	0,025	—	0.264	0,446	0,155

1.16 Heizwerte

Unter Heizwert versteht man diejenige Wärmemenge, die bei der Verbrennung von 1 kg oder (bei Gasen) von 1 Nm^3 des Stoffes abgegeben wird, wenn die Verbrennungserzeugnisse auf die Anfangstemperatur abgekühlt werden.

Der obere Heizwert H_o ergibt sich, wenn das in den Verbrennungsgasen enthaltene Wasser w sich im flüssigen Zustand, der untere Heizwert H_u, wenn es sich im dampfförmigen Zustand befindet. Daher ist $H_o = H_u + 600\,w$.

Besteht 1 kp eines Brennstoffes aus

C kp Kohlenstoff,
H kp Wasserstoff,
S kp Schwefel,
O kp Sauerstoff,
w kp hygroskopischen Wassers,

so ist die zur vollständigen Verbrennung von 1 kp Brennstoff erforderliche Luftmenge

$$L = \frac{\frac{8}{3}C + 8H + S - O}{0{,}23}\ [\mathrm{kp}]$$

oder

$$L = \frac{\frac{8}{3}C + 8H + S - O}{0{,}3}\ [\mathrm{Nm^3}]$$

Der Heizwert des betr. Brennstoffes, d. h. die Anzahl kcal, welche bei der vollkommenen Verbrennung von 1 kp des Brennstoffes frei werden, berechnet sich nach der Gleichung

$$H_u = 8100\,C + 29\,000\,(H - \tfrac{1}{8}O) + 2500\,S - 600\,w.$$

Der Heizwert H_{wo} bezogen auf 1 Nm^3 Brennstoff (bei 0 ° C und 760 mm Q.S.) **ergibt sich aus der Formel** $H_{wo} = H_o \dfrac{M}{22{,}4}$, wobei M das Molekulargewicht ist (vgl. Tafel 1, S. 6).

Tafel 22: Obere Heizwerte

Stoff	H_o kcal/kp	Stoff	H_o kcal/kp	H_{wo} kcal/Nm³
Steinkohle (gute) .	7500	Wasserstoff........	34 200	3 050
Steinkohle (mittlere)	6600	Kohlenoxyd	2 440	3 020
Steinkohle (geringe)	4800	Azetylen	12 000	14 090
Steinkohlenbriketts	7750	Leuchtgas	10 000	5 450
Anthrazit	8000	Wassergas.........	3 930	2 810
Braunkohlen	3600	Generatorgas	1 180	1 175
Braunkohlenbriketts	4800	Mischgas	1 190	1 530
Gaskoks	7000	Gichtgas	768	970
Torf	3800	Äther.............	9 000	
Holz	4100	Alkohol	7 100	
Holzkohle zu CO_2..	8000	Benzol	10 000	
Holzkohle zu CO ..	2470	Braunkohlenteeröl .	10 000	
Naphthalin	9700	Petroleum.........	11 000	
Phosphor	5950	Benzin	11 000	
Schwefel zu SO_2 ..	2220	Terpentin	10 850	
Wachs	9000	Leinöl, Rüböl	9 300	

Tafel 23: Untere Heizwerte

Stoff	Dichte bez. auf Luft	H_u kcal/kp	H_{wu} kcal/Nm³	
Wasserstoff	0,07	28 700	2 570	
Kohlenoxyd...........	0,97	2 440	2 800	
Azetylen..............	0,90	11 600	13 600	
Leuchtgas	0,39	8 900	4 860	
Wassergas	0,54	3 580	2 600	
Generatorgas	0,84	1 100	1 095	
Gichtgas	0,98	757	950	
	Spez. Gew. bei 15° C	H_u kcal/kp	Elementaranalyse Wasserstoff %	Elementaranalyse Kohlenstoff %
Petroleum	0,879	10 610	14,2	85,1
Solaröl	0,849	10 100	13,3	85,7
Gasöl	0,865	10 000	12,5	84,6
Braunkohlenrohöl......	0,908	9 800	12,4	85,6
Paraffinöl	0,926	9 750	11,6	86,0

noch Tafel 23

Stoff	Spez. Gew. bei 15° C	H_u $\frac{\text{kcal}}{\text{kp}}$	Elementaranalyse	
			Wasserstoff %	Kohlenstoff %
Kreosotöl	1,050	8 970	6,1	91,2
Alkohol	0,794	6 400	—	—
Spiritus, 95 proz.	0,809	6 000	—	—
Spiritus, 85 proz.	0,836	5 240	—	—
Spiritus, 75 proz.	0,861	4 470	—	—
Benzol	0,885	9 590	—	—
Naphthalin	0,977 (bei der Schmelztemp. 80°)	9 280	—	—
Benzin	0,70	9 800÷10 200	—	—

1.17 Glühfarben und Glühtemperaturen des Eisens

Tafel 24:

Glühfarbe des Eisens	Temperatur °C	Anlaßfarbe des Stahles für Härtung	Temperatur °C
im Dunkeln rotglühend	500	blaßgelb	220
dunkelrot	700	strohgelb	232
dunkelkirschrot	800	goldgelb	243
kirschrot	900	purpur	250
hellkirschrot	1000	violett	266
dunkelorange	1100	dunkelpurpur	278
hellorange	1200	hellblau	293
weißglühend	1300	dunkelblau	316
Schweißhitze	1400÷1600		

2. Abschnitt

Festigkeit

2.01 Zeichenerklärung

Es sei:

P die Belastung (Zug- oder Druckkraft) in kp,

F der Querschnitt des belasteten Körpers in cm².

l die Länge in cm,

e der Abstand der äußersten Faser von der Nullinie in cm,

E der Elastizitätsmodul des betr. Materials in kp/cm²,

Δl die Verlängerung resp. Verkürzung des Stabes in cm,

J das äquatoriale Trägheitsmoment des Querschnittes in cm⁴,

J_p das polare Trägheitsmoment des Querschnittes in cm⁴,

M_b das Biegungsmoment in cmkp (= algebraische Summe der Momente auf einer Seite des Querschnittes),

M_t das Drehmoment in cmkp,

W das Widerstandsmoment gegen Biegung $= \frac{J}{e}$ in cm³,

W_t das Widerstandsmoment gegen Drehung $= \frac{J_p}{e}$ in cm³,

$\sigma_{z\,\mathrm{zul}}$ die zulässige Zugbeanspruchung in kp/cm²,

$\sigma_{d\,\mathrm{zul}}$ die zulässige Druckbeanspruchung in kp/cm²,

$\sigma_{s\,\mathrm{zul}}$ die zulässige Schubbeanspruchung in kp/cm²,

$\sigma_{b\,\mathrm{zul}}$ die zulässige Biegungsbeanspruchung in kp/cm²,

$\sigma_{t\,\mathrm{zul}}$ die zulässige Drehungsbeanspruchung in kp/cm².

$$\text{Sämtliche} \left\{ \begin{array}{l} \text{Kräfte sind in kp} \\ \text{Längen sind in cm} \\ \text{Flächen sind in cm}^2 \end{array} \right\} \text{einzusetzen.}$$

2.02 Zug und Druck

Wird ein zylindrischer Stab von der Länge l cm und dem Querschnitt F cm² durch eine Kraft P kp einer Zugbeanspruchung $\sigma = \frac{P}{F}$ kp/cm² unterworfen, so erleidet er eine

Verlängerung um Δl cm oder eine spezifische Verlängerung (Dehnung) um $\varepsilon = \frac{\Delta l}{l}$. Durch die Zugbeanspruchung erfährt der Stab aber auch eine Querzusammenziehung

$$(-)\,\varepsilon_q = \frac{\text{Verminderung des Durchmessers}}{\text{Ursprünglichen Durchmesser}} = \frac{(-)\,\Delta d}{d}.$$

Zwischen ε und ε_q besteht die Beziehung

$$\varepsilon = m\,\varepsilon_q$$

oder

$$\frac{\Delta l}{l} = m\,\frac{\Delta d}{d}.$$

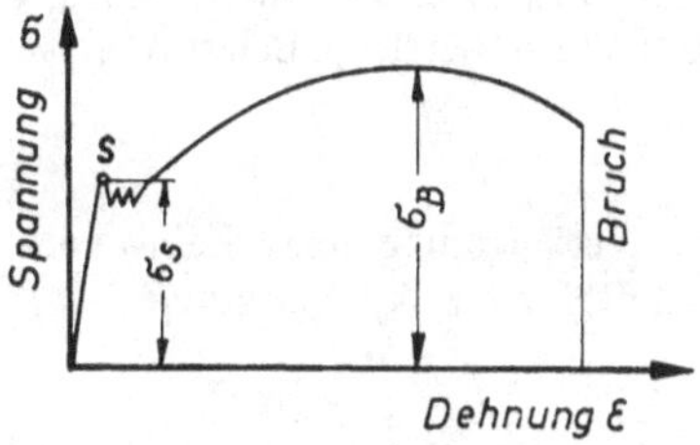

Abb. 5.

Die Größe von m hängt vom Material ab und liegt im allgemeinen zwischen 3 und 4; für Metalle ist $m = \frac{10}{3}$.

In Abb. 5 ist das Spannungs-Dehnungsdiagramm dargestellt. S ist die Streckgrenze. Die zugehörige Spannung σ_S ist die Spannung, bei der trotz zunehmender Formänderung des Probestabes die Kraftanzeige der Prüfmaschine erstmalig unverändert bleibt oder sogar zurückgeht.

Die statische Festigkeit σ_B wird aus der von der Probe ertragenen höchsten Belastung P_{max} und ihrem ursprünglichen Querschnitt F_0 errechnet, d. h. $\sigma_B = \frac{P_{max}}{F_0}$ [kp/cm²].

Die Elastizitätsgrenze σ_E liegt unterhalb der Streckgrenze σ_S und ist die Spannung, bis zu der bleibende Formänderungen am Probestab nicht auftreten.

Unter Proportionalitätsgrenze σ_P versteht man die Spannung, bis zu der das Hookesche Gesetz gilt. Dieses Gesetz besagt, daß die Dehnungen ε proportional den Spannungen sind

$$\varepsilon = \frac{1}{E} \cdot \sigma = \alpha \cdot \sigma.$$

Hierin bedeuten E den Elastizitätsmodul (s. S. 36) und α den Dehnungskoeffizienten, d. h. die Dehnung eines Würfels von 1 cm Kantenlänge bei 1 kp Belastung.

Es ist

$$\frac{\Delta l}{l} = \frac{P}{F E};$$

also beträgt die Verlängerung eines Stabes von l cm Länge, F cm² Querschnitt und P kp Belastung

$$\Delta l = \frac{P l}{F E} \text{ [cm].}$$

Grauguß, Kupfer, Zement, Beton usw. haben keine Proportionalitätsgrenze. Für diese Materialien gilt angenähert das Bachsche Potenzgesetz $\varepsilon = \alpha\sigma^n$. Für Beton ist $n \sim 1{,}1 \div 1{,}2$, für Riemen und Hanfseile ist $n < 1$.

Das Vorstehende gilt sinngemäß auch für die Druckbeanspruchung.

Zur Berechnung der Dimensionen eines auf Zug resp. Druck beanspruchten Maschinenteiles gelten folgende Formeln:

$$P = F \sigma_{z\,zul} \quad \text{für Zug}$$

und

$$P = F \sigma_{d\,zul} \quad \text{für Druck.}$$

Wird die Spannung σ gesucht, die bei einer bestimmten Last P auftritt, so ist

$$\sigma = \frac{P}{F} \, [\mathrm{kp/cm^2}] \qquad \text{für Zug und Druck.}$$

2.03 Schub (Scherung)

Bei einer Beanspruchung tritt Schub auf, wenn die Kräfte so wirken, daß zwei benachbarte Querschnitte gegeneinander verschoben werden. Die Formel für die Schubfestigkeit wird auf Grund der Annahme aufgestellt, daß sich die Schubkraft P gleichmäßig auf den Querschnitt verteilt:

$$\tau_s = \frac{P}{F} \, [\mathrm{kp/cm^2}].$$

Diese Formel gibt zu kleine Werte für $\tau_{s\,max}$, da bei jeder Schubbeanspruchung auch ein Biegungsmoment auftritt. Unter Berücksichtigung dieses Umstandes ist

für einen rechteckigen Querschnitt $\tau_{s\,max} = \frac{3}{2} \frac{P}{F}$,

für einen kreisförmigen Querschnitt $\tau_{s\,max} = \frac{4}{3} \frac{P}{F}$,

für einen kreisringförmigen Querschnitt $\tau_{s\,max} = 2 \frac{P}{F}$.

$\tau_{s\,max}$ darf $\tau_{s\,zul}$ nicht überschreiten.

2.04 Festigkeitszahlen

Die folgende Tafel 26 (S. 40 und 41) enthält Angaben über Festigkeitszahlen, Eigenschaften und Verwendung einiger Stahl- und Eisensorten. Hierin bedeuten σ_B die statische Festigkeit (vgl. S. 38) und δ die Bruchdehnung in %. Die Bruchdehnung δ ist die beim Zerreißen des Probestabes entstandene mittlere Verlängerung $\triangle L$ der Meßlänge gegenüber der ursprünglichen Meßlänge L_0, d. h.

$$\delta = 100 \frac{L}{L_0} \, [\%].$$

Tafel 26: Stahleigenschaften

Benennung	Marker-bezeichnung	Festigkeit σ_B kp/mm²	Bruch-dehnung δ %	Kohlen-stoffgehalt %	Eigenschaften	Verwendung
Maschinenbau-stahl	St 00	—	—	—	nicht kalt- oder rotbrüchig	untergeordnete Zwecke
	St 37	37 ÷ 45	20	—	schweißt unzuverlässig	Stab- u. Formstahl, Stahl-konstr.
	St 34	34 ÷ 42	25	0,12	feuerschweißbar, nicht härtbar	Schrauben, Zapfen, Gestänge
	St 42	42 ÷ 50	20	0,25	schwer feuerschweißbar, einsetzbar	niedrig beanspr. Wellen, Kurbeln, Spindeln, Bolzen
	St 50	50 ÷ 60	18	0,35	kaum feuerschweißbar, nicht einsetzbar	wie St 42.11, höher beanspruchte Maschinenteile
	St 60	60 ÷ 70	14	0,45	härtbar, vergütbar	wie St 50.11, für sehr hohe Beanspruchung
	St 70	70 ÷ 85	10	0,60	hoch härtbar, vergütbar	
Flußstahl gewalzt als Formstahl	St 00	nicht über 50	—	—	Handelsgüte	Formstähle
	St 37	37 ÷ 45	20	—	Normalgüte	
	St 42	42 ÷ 50	20	—	Sondergüte	
Schraubenstahl	St 38	38 ÷ 45	20	—	Normalgüte	Schrauben
Nietstahl	St 34	34 ÷ 42	25	—	Normalgüte	Niete, weiche Schrauben
Bleche	St 00	—	—	—	keine Gütezahlen gewährleistet	Behälterbleche
	St 37	37 ÷ 45	20	—	Normalgüte	Baubleche
	St 42	42 ÷ 50	20	—	Sondergüte	
Einsatzstahl	C 15	50 ÷ 65	14	0,11 ÷ 0,18	kohlenstoffarm, sehr zähe	Teile m. harter Oberfläche und weichem Kern
	C 22	60 ÷ 80		0,19 ÷ 0,25		
Vergütungsstahl	C 35	50 ÷ 60	22	0,32 ÷ 0,40	ausgeglüht — durch Härten und Anlassen vergütbar	hochbeanspruchte Teile
		55 ÷ 65	20		vergütet	
	C 60	70 ÷ 85	14	0,57 ÷ 0,65	ausgeglüht	
		75 ÷ 90	13		vergütet	

Chromnickel-	EN 15	60÷80	15÷8	0,1÷0,17	in Wasser gehärtet 1,5% Ni	Kraftfahrzeugbau
Einsatzstahl	ECN 35	90÷120	12÷6	0,1÷0,17	in Öl gehärtet 3,5% Ni	
Chromnickel-Vergütungsstahl	VCN 15	65÷75	16÷13	0,25÷0,32	1,5% Ni, 0,5% Cr	hochbeanspruchte Teile
	VCN 35	75÷90	14÷10	0,2÷0,27	3,5% Ni, 0,75% Cr	
Einsatz-Chrom-stahl	15 Cr 3	60÷85	12	0,12÷0,18	bis 0,8 Cr, 0,6 Mn } bis 0,4 Si	mechanisch hochbeanspruchte Teile
	20 MnCr 5	100÷130	8	0,17÷0,22	bis 1,3 Cr, 1,4 Mn } bis 0,4 Si	
Einsatz-Chrom-Molybdänstahl	ECMo 80	90÷110	12÷8	0,13÷0,17	0,8÷1,3% Cr, 0,2÷0,3 Mo	
	ECMo 100	110÷135	9÷5	0,17÷0,22	0,7÷1,1% Mn, 0,35% Si	
Vergütungs-Chrom-Molybdänstahl	VCMo 125	65÷80	16÷12	0,22÷0,29	0,9÷1,2% Cr, 0,15 + 0,25% Mo 0,5÷0,8% Mn, 0,35% Si	
	VCMo 135	80÷100	12÷8	0,30÷0,37		
	VCMo 140	95÷110	10÷6	0,38÷0,45		
Stahlguß	Stg 38.81	38	20	—	zähe und schmiedbar	hochbeanspruchte Gußstücke
	StG 60.81	60	8	—	sehr fest, wenig zähe	
	Stg 45.81 S	45	22	—	Sondergüte	Schiffbau
	Stg 45.81 D	45	16	—	bes. magn. Eigenschaften	Elektromaschinenbau
Gußeisen	GG 12	12	—	—	gut bearbeitbar	Rohre, Land- Textil-, Hausmaschinen
	GG 14	14	—	—	gut bearbeitbar mit besonderen Gütevorschriften	wärmebeständige Teile, Dampfarmaturen, Werkzeugmaschinen
	GG 18	18	—	—		
	GG 26	26	—	—		
Temperguß	GTW 35	35	3	—	gewöhnlicher Temperguß	dünne, zähe Gußstücke
	GTW 40	40	5	—	hochwertiger Temperguß	

Tafel 27: Eigenschaften verschiedener Werkstoffe

Material	Elastizitätsmodul E kp/cm²	Streckgrenze σ_S kp/mm²	Zugfestigkeit σ_{zB} kp/mm²	Druckfestigkeit σ_{dB} kp/mm²
Flußstahl St 37		26	37 ÷ 45	26
Flußstahl St 50		27	50 ÷ 60	27
Flußstahl St 52		34	52 ÷ 64	34
Vergütungsstahl C 45	2000000 ÷ 2150000	39 ÷ 47	65 ÷ 75	39 ÷ 47
Vergütungsstahl VCN 35		66 ÷ 78	90 ÷ 105	66 ÷ 78
Federstahl MnSi		65 ÷ 115	90 ÷ 135	65 ÷ 115
Stahlguß		22	45	22
Grauguß GG 12	7500 ÷ 40000		12	(60)
Temperguß	17000	19 ÷ 21	35 ÷ 38	19 ÷ 21
Kupfer gegossen	—	—	15 ÷ 20	—
Kupfer hart gezogen	1150000	—	35 ÷ 45	—
Messing Ms 63 gegossen	800000	—	15	—
Rotguß Rg 10 gegossen	900000	—	20	—
Zinnbronze gegossen	1200000	—	15 ÷ 20	—
Manganbronze gegossen	900000 ÷ 1200000	—	30 ÷ 35	—
Aluminium rein	720000	—	7 ÷ 14	—
Duraluminium weich	690000	—	16 ÷ 22	—
Duraluminium ausgehärtet	720000	—	34 ÷ 52	—
Aluminiumbronze weich	—	—	30 ÷ 38	—
Aluminiumbronze hart	—	—	42 ÷ 56	—
Magnesium	410000	—	20	27
Magnalium gegossen	430000	—	16 ÷ 20	30
Magnalium gewalzt	450000	—	27 ÷ 33	35 ÷ 38
Zink	1300000	—	15	10
Zinn	415000	—	2,75	—
Blei	170000	—	1,1 ÷ 1,9	—
Hartblei	—	—	6 ÷ 10	—
Weißmetall (90 Pb, 10 Sb)	267000 ÷ 273000	1,5 ÷ 2,2	5	11
Weißmetall (80 Pb, 15 Sb, 5 Sn)	275000 ÷ 297000	1,3 ÷ 1,6	4	11
Deltametall 59 Cu, 40 Zn, 1 Sn gegossen	1050000	12 ÷ 31	39 ÷ 60	—
geschmiedet	1050000	16 ÷ 19	42 ÷ 45	—

Jenaer Glas	780000	—	2,29	27,8
Papierstoff	—	—	—	15
Kiefer	95000	—	10÷19	5÷8
Eiche	105000	—	9÷18	5÷6
Fichte	100000	—	9÷24	5÷7
Buche	175000	—	11÷20	7÷8
Sandstein	100000÷500000	—	—	12÷20
Tuff	—	—	—	2÷3
Granit	400000÷600000	—	—	16÷24
Basalt	520000÷1115000	—	—	25÷40
Basaltlava	310000÷350000	—	—	8÷15
Bruchstein	—	—	—	3÷10
Kalkstein	600000÷820000	—	—	8÷18
Beton (28 Tage)	200000÷400000	—	—	0,8÷2,5
Ziegelsteine	93000	—	2	1,5÷3
Ziegelmauerwerk	—	—	—	1,4
Kalkmörtel	—	—	—	0,4
Zement	250000	—	—	3÷6
Zementmörtel	200000÷350000	—	—	1,6÷3,5
Stahldraht, gezogen	2000000	—	56—70	—
Stahldraht, geglüht	2000000	—	40	—
Tiegelstahldraht	2150000	—	90÷190	—
Bessemerstahldraht	—	—	65	—
Zinkdraht	150000	—	19	—
Kupferdraht	1300000	—	40	—
Messingdraht	1000000	—	50	—
Aluminiumdraht	—	—	23÷27	—
Bronzedraht	—	—	46÷71	—
Siliziumbronzedraht	—	—	65÷85	—
Tantaldraht } gezogen	—	—	600÷700	—
Wolframdraht } gezogen	—	—	420	—
Molybdändraht } gezogen	—	—	220	—
Lederriemen, neu	1250	—	2,5÷4,5	—
Hanfseil	6000÷15000	—	12÷13,5	—
Preßharz	—	—	20÷28	—

2.05 Chemische Zusammensetzung von Grauguß

Tafel 25:

Grauguß für	C %	Si %	Mn %	P %	S %
Geschirr- und Ofenguß		~ 3	0,4 ÷ 0,8	≧ 1	< 0,1
Röhrenguß			< 1	≧ 1	< 0,12
Gewöhnlicher Handelsguß			0,4	÷ 1	÷ 0,17
Lokomotivzylinder ...	3,2 ÷ 3,57	1 ÷ 1,4	0,6 ÷ 0,9	0,7 ÷ 0,9	< 0,12
Dampf-, Gasmotoren-, Preßzylinder	2,9 ÷ 3,2	0,8 ÷ 1,5	0,3	0,2 ÷ 0,6	< 0,12
Gußformen für Stahlblöcke und gegen Temperaturschwankungen widerstandsfähiger Guß	≈ 3,5	1,6 ÷ 2,5	0,8 ÷ 1	< 0,1	< 0,1
Walzenguß	2,9 ÷ 3,4	0,5 ÷ 0,8	0,6 ÷ 1,2	< 0,5	< 0,1
Hartguß	3,5 ÷ 3,8	0,5 ÷ 0,9	0,3 ÷ 0,5	0,2 ÷ 0,5	0,08 ÷ 0,15
(Feuerbeständ. Guß)	(≧ 3,0)				
Dynamoguß	2,95	3,19	0,35	0,89	< 0,12
Säurebeständiger Guß .	3,2	1,7	0,8	0,15	0,03 ÷ 0,04

2.06 Zulässige Beanspruchung

1. Für Maschinenbau (Tafel 28).

Unter der zulässigen Beanspruchung versteht man die höchste zulässige Spannung, welche in einer Konstruktion auftreten darf. Die zulässige Beanspruchung liegt noch unterhalb der Elastizitätsgrenze; sie ergibt sich aus der Division der statischen Festigkeit σ_B mit einem Sicherheitsfaktor s:

$$\sigma_{zul} = \frac{\sigma_B}{s}$$

Fall I: Belastung von $0 \div + \max$ ruhend,
Fall II: Belastung von $0 \div + \max \div 0$ schwellend,
Fall III: Belastung von $0 \div + \max \div 0 \div - \max \div 0$ wechselnd.

2. Für Hochbau (Tafel 29).

Übliche Mischungen:

Zement +	Sand +	Kies, Steinschlag =	Beton
1	2	4	4,4
1	3	6	6,6
1	4	8	8,8

Tafel 28: Zulässige Beanspruchungen

Werkstoff	Zug s_{zul} kp/cm²			Druck s_{zul} kp/cm²			Biegung s_{zul} kp/cm²			Schub τ_{zul} kp/cm²			Drehung τ_{zul} kp/cm²		
	I	II	III	I	II	III	I	II	III	I	II	III	I	II	III
Schweißstahl	900	540	450	900	540	450	900	540	450	720	430	360	360	220	180
schmiedbarer Stahl St 37	900÷1500	540÷900	450÷750	900÷1500	540÷900	450÷750	900÷1500	540÷900	450÷750	720÷1200	430÷720	360÷600	600÷1200	360÷720	300÷600
Flußstahl St 50	1200÷1800	720÷1080	600÷900	1200÷1800	720÷1080	600÷900	1200÷1800	720÷1080	600÷900	960÷1440	580÷860	480÷720	900÷1440	540÷860	450÷720
Stahlguß	600÷1200	360÷720	300÷600	900÷1500	540÷900	450÷800	750÷1200	450÷720	375÷600	480÷960	290÷580	240÷480	480÷960	290÷580	240÷480
Grauguß	300	180	150	900	540	200	500	350	250	300	180	180	300	200	180
Esche		110			66			—			—				
Eiche		105			100			110			20				
Buche		105			100			110			20				
Kiefer		90			80			90			12				
Tanne		60			60			90			12				
Basalt					60										
Basaltlava					20										
Granit					50										
Sandstein					15÷30										
Marmor					25										
Beton					35										
Ziegelmauerwerk Zementmörtel Zementmörtel					10÷35										
Ziegelmauerwerk oder Kalksteinmauerwerk in Kalkmörtel					7÷18										

Tafel 29: Zulässige Beanspruchungen im Hochbau

Material	Zug kp/cm²	Druck kp/cm²	Biegung kp/cm²	Abscherung kp/cm²	Lochleibungsdruck kp/cm²
Flußstahl, Träger (Decken u. Treppen	1200	1200	1200	1000	2000
Flußstahl, Stützen ..	1200	1200	1200	1000	2000
Flußstahl, Stützen (bei genauer Berechnung der ungünstigsten Kantenpressung)	1400	1400	1400	1000	2000
Flußstahl, Dächer, Wände	1200	1200	1200	1000	2000
Flußstahl, Dächer, Wände (bei gleichzeitigem Eintritt von größter Spannung und ungünstigster Wirkung von Nutzlast, Eigenlast, Wind- und Schneedruck)	1400	1400	1400	1000	2000
Flußstahl, wie vorher (jedoch bei genauer Berechnung und Durchbildung)	1600	1600	1600	—	—
Flußstahl, Anker ...	800	—	—	—	—
Flußstahl, Stäbe (Eisenbeton)	1000	1000	—	—	—
Grauguß, Auflager ..	—	1000	—	—	—
Grauguß, Säulen ...	—	500	250	200	—
Stahlformguß	—	—	1200	—	—
Zinkblech	(200)	(200)	(150)	—	—
Eiche und Buche ..	100(÷120)	80(÷100)	100(÷120)	15(÷20) ‖ Faser; 80(÷90) ⊥ Faser	
Kiefer	100(÷120)	60(÷ 80)	100(÷120)		
Tanne	(60)	(50)	—	10(÷15) ‖ Faser; (60÷70) ⊥ Faser	
Rottanne	—	(80)	—		
Esche	(100÷120	(66)	—		
Hartholz	(200)	(160)	(200)	(30 ⊥ Faser)	
Granit, Auflager	—	60(÷90)			
Granit, Pfeiler, Gewölbe	—	45(÷60)			
Granit, Pfeiler, Säulen (sehr schlank).	—	25(÷30)			
Sandstein, Auflager.	—	30(÷50)			
Sandstein, Pfeiler, Gewölbe	—	25(÷30)			
Sandstein, Pfeiler, Säulen (sehr schlank)	—	15(÷20)			

noch Tafel 29

Material	Zug kp/cm²	Druck kp/cm²
Kalkstein und Marmor, Auflager	—	30(÷40)
Kalkstein und Marmor, Pfeiler, Gewölbe	—	20(÷30)
Kalkstein und Marmor, Pfeiler, Säulen (sehr schlank)	—	12(÷15)
Ziegelmauerwerk in Kalkmörtel 1 : 3	—	÷7
Hartbrandziegel-Mauerwerk in Kalkzementmörtel 1:2:7.	—	12÷15
Klinkermauerwerk in Zementmörtel 1 : 3..............	—	20÷30
Poröses Ziegelmauerwerk ...	—	3÷6
Schwemmsteinmauerwerk ...	—	÷3
Kalksteinmauerwerk in Kalkmörtel 1 : 3	—	÷7
Kalksteinmauerwerk in Kalkzementmörtel 1 : 2 : 7	—	12÷15
Bruchsteinmauerwerk in Kalkmörtel	—	÷5
Fundamentmauern aus geschüttetem Beton	—	6÷8
Fundamentmauern aus gestampftem Beton	—	10÷15
Guter Baugrund	—	3÷4

2.07 Trägheitsmomente und Widerstandsmomente

1. Trägheitsmomente

Das Trägheitsmoment einer ebenen Fläche bezogen auf eine beliebige Drehachse ist die Summe der Produkte aus den Flächenteilchen df und dem Quadrat ihres Abstandes r von der betreffenden Achse:

$$J = \int r^2 \, df \; [\text{cm}^4].$$

Liegt die Achse in der Ebene, so spricht man von einem äquatorialen Trägheitsmoment J (s. ‚Biegung‘); liegt sie senkrecht zur Ebene, so hat man ein polares Trägheitsmoment J_p (s. ‚Verdrehung‘).

Es ist das polare Trägheitsmoment J_p gleich der Summe zweier äquatorialer J_x und J_y, deren Achsen sich im Pol 0 rechtwinklig schneiden, d. h. im Durchdringungspunkt der zur Querschnittsebene senkrechten Achse mit dieser (Fig. 5).

$$J_p = \int r^2\, d f = \int x^2\, d f + \int y^2\, d f = J_x + J_y \text{ [cm}^4\text{]}.$$

Denkt man sich die ganze Masse eines Körpers als einen Ring vom Durchmesser D mit dem Gewicht G, so ist das Massenträgheitsmoment

$$J_m = \frac{G}{g}\,\frac{D^2}{4} \text{ [cm kp s}^2\text{]} \qquad \text{oder} \qquad G\,D^2 = 4\,g\,J_m \text{ [kp cm}^2\text{]}.$$

Den Wert $G\,D^2$ nennt man das Schwungmoment des Körpers.

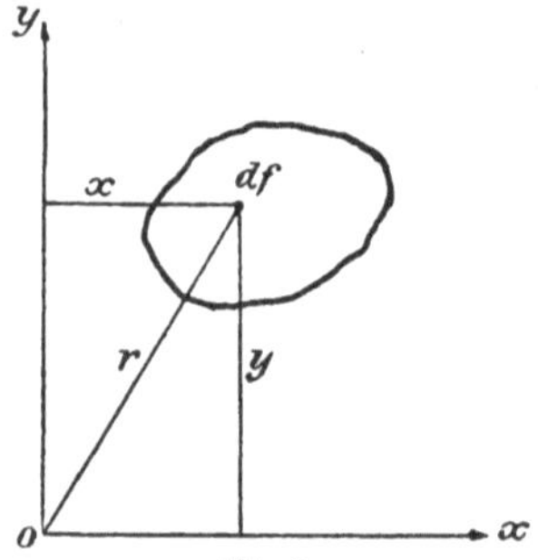

Abb. 6.

2. Widerstandsmomente

Das Widerstandsmoment W ist gleich dem Trägheitsmoment (J bei Biegung, J_p bei Verdrehung) dividiert durch den Abstand e der äußersten Faser von der neutralen Achse (Nullachse) (s. „Biegung“ und „Verdrehung“).

Also

$$W = \frac{J}{e} \quad \text{bei Biegungsbeanspruchung [cm}^3\text{]}$$

$$W_t = \frac{J_p}{e} \quad \text{bei Verdrehungsbeanspruchung [cm}^3\text{]}.$$

Tafel 30: Trägheits- und Widerstandsmomente

Querschnitt	Äquatoriales Trägheitsmoment J cm⁴	Widerstandsmoment W cm³
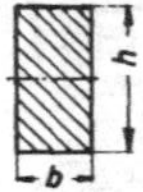	$\frac{b\,h^3}{12}$	$\frac{b\,h^2}{6}$
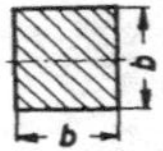	$\frac{b^4}{12}$	$\frac{b^3}{6}$
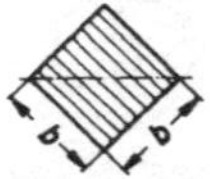	$\frac{b^4}{12}$	$0{,}1179\,b^3$
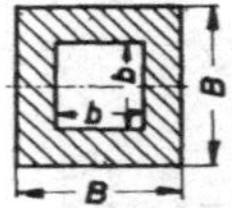	$\frac{B^4 - b^4}{12}$	$\frac{1}{6}\,\frac{B^4 - b^4}{B}$
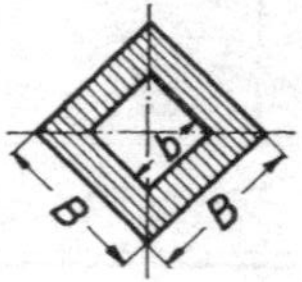	$\frac{B^4 - b^4}{12}$	$0{,}1179\,\frac{B^4 - b^4}{B}$

noch Tafel 30

Querschnitt	Äquatoriales Trägheitsmoment J cm⁴	Widerstandsmoment W cm³
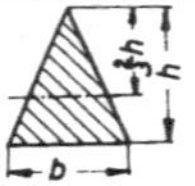	$\frac{b\,h^3}{36}$	$\frac{b\,h^2}{24}$
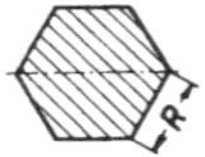	$0{,}5413\ R^4$	$\frac{5}{8}\ R^3$
	$0{,}5413\ R^4$	$0{,}5413\ R^3$
	$0{,}6381\ R^4$	$0{,}6906\ R^3$
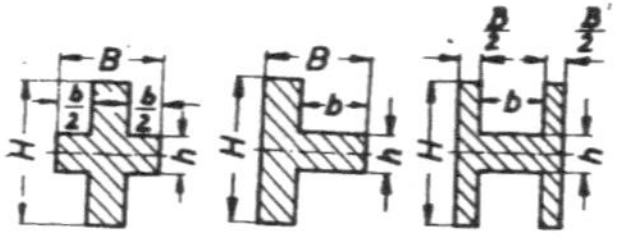	$\frac{B\,H^3 + b\,h^3}{12}$	$\frac{B\,H^3 + b\,h^3}{6\,H}$

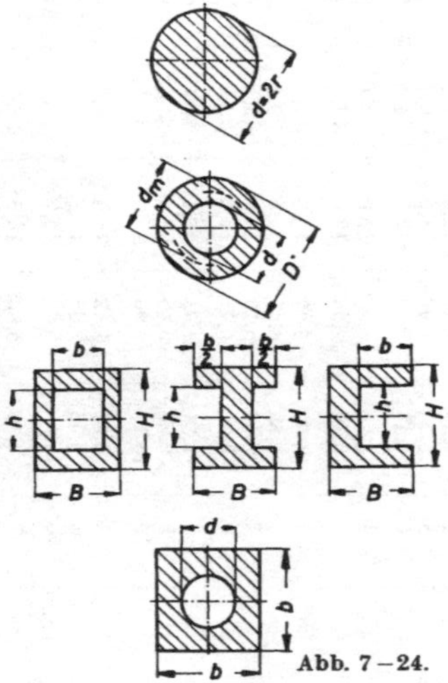

Abb. 7–24.

$\frac{\pi d^4}{64} = \frac{\pi r^4}{4} \approx 0{,}05\, d^4$	$\frac{\pi d^3}{32} = \frac{\pi r^3}{4} \approx 0{,}1\, d^3$
$\frac{\pi}{64}(D^4 - d^4) = \frac{\pi}{4}(R^4 - r^4)$	$\frac{\pi}{32}\frac{D^4 - d^4}{D} = \frac{\pi}{4}\frac{R^4 - r^4}{R} \approx 0{,}8\, d_m^2\, s$
$\frac{B H^3 - b h^3}{12}$	$\frac{B H^3 - b h^3}{6 H}$
$\frac{1}{12}\left(b^4 - \frac{3\pi}{16} d^4\right)$	$\frac{1}{6 b}\left(b^4 - \frac{3\pi}{16} d^4\right)$

2.08 Formstahl-Walzprofile

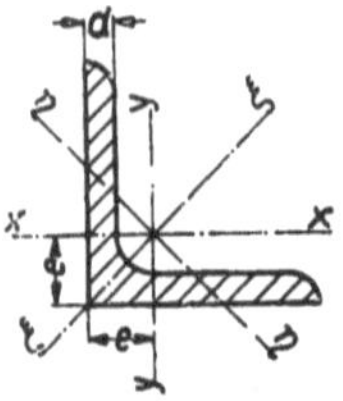

Abb. 25.

1. Gleichschenkliger L-Stahl nach DIN 1028.
Regellängen 3 ÷ 15 m.

Tafel 31

Profil	Breite b mm	Stärke d mm	Querschnitt cm²	Gewicht kp/m	Schwerpunktsabstand e mm	J_ξ (max) cm⁴	J_η (min) cm⁴
15	15	3	0,82	0,64	4,8	0,24	0,06
		4	1,05	0,82	5,1	0,29	0,08
20	20	3	1,12	0,88	6,0	0,62	0,15
		4	1,45	1,14	6,4	0,77	0,19
25	25	3	1,42	1,12	7,3	1,27	0,31
		4	1,85	1,45	7,6	1,61	0,40
		5	2,26	1,77	8,0	1,87	0,50
30	30	3	1,74	1,36	8,4	2,24	0,57
		4	2,27	1,78	8,9	2,85	0,76
		5	2,78	2,18	9,2	3,41	0,91
35	35	4	2,67	2,10	10,0	4,68	1,24
		6	3,87	3,04	10,8	6,50	1,77
40	40	4	3,08	2,42	11,2	7,09	1,86
		5	3,79	2,97	11,6	8,64	2,22
		6	4,48	3,52	12,0	9 98	2,67
45	45	5	4,30	3,38	12,8	12,4	3,25
		7	5,86	4,60	13,6	16,4	4,39
50	50	5	4,80	3,77	14,0	17,4	4,59
		6	5,69	4,47	14,5	20,4	5,24
		7	6,56	5,15	14,9	23,1	6,02
		9	8,24	6,47	15,6	28,1	7,67
55	55	6	6,31	4,95	15,6	27,4	7,24
		8	8,23	6,46	16,4	34,8	9,35
		10	10,1	7,90	17,2	41,4	11,3
60	60	6	6,91	5,42	16,9	36,1	9,43
		8	9,03	7,09	17,7	46,1	12,1
		10	11,1	8,69	18,5	55,1	14,6
65	65	7	8,70	6,83	18,5	53,0	13,8
		9	11,0	8,62	19,3	65,4	17,2
		11	13,2	10,3	20,0	76,8	20,7

noch Tafel 31

Profil	Breite b mm	Stärke d mm	Querschnitt cm²	Gewicht kp/m	Schwerpunktsabstand *e* mm	J_ξ (max) cm⁴	J_η (min) cm⁴
70	70	7	9,40	7,38	19,7	67,1	17,6
		9	11,9	9,34	20,5	83,1	22,0
		11	14,3	11,2	21,3	97,6	26,0
75	75	7	10,1	7,94	20,9	83,6	21,1
		8	11,5	9,03	21,3	93,3	24,4
		10	14,1	11,1	22,1	113	29,8
		12	16,7	13,1	22,9	130	34,7
80	80	8	12,3	9,66	22,6	115	29,6
		10	15,1	11,9	23,4	139	35,9
		12	17,9	14,1	24,1	161	43,0
		14	20,6	16,1	24,8	181	48,6
90	90	9	15,5	12,2	25,4	184	47,8
		11	18,7	14,7	26,2	218	57,1
		13	21,8	17,1	27,0	250	65,9
		16	26,4	20,7	28,1	294	79,1
100	100	10	19,2	15,1	28,2	280	73,3
		12	22,7	17,8	29,0	328	86,2
		14	26,2	20,6	29,8	372	98,3
		20	36,2	28,4	32,0	488	134
110	110	10	21,2	16,6	30,7	379	98,6
		12	25,1	19,7	31,5	444	116
		14	29,0	22,8	32,1	505	133
120	120	11	25,4	19,9	33,6	541	140
		13	29,7	23,3	34,4	625	162
		15	33,9	26,6	35,1	705	186
		20	44,2	34,7	37,0	887	236
130	130	12	30,0	23,6	36,4	750	194
		14	34,7	27,2	37,2	857	223
		16	39,3	30,9	38,0	959	251
140	140	13	35,0	27,5	39,2	1010	262
		15	40,0	31,4	40,0	1150	298
		17	45,0	35,3	40,8	1280	334
150	150	14	40,3	31,6	42,1	1340	347
		16	45,7	35,9	42,9	1510	391
		18	51,0	40,1	43,6	1670	438
160	160	15	46,1	36,2	44,9	1750	453
		17	51,8	40,7	45,7	1950	506
		19	57,5	45,1	46,5	2140	558
180	180	16	55,4	43,5	50,2	2690	679
		18	61,9	48,6	51,0	2970	757
		20	68,4	53,7	51,8	3260	830
200	200	16	61,8	48,5	55,2	3740	943
		18	69,1	54,3	56,0	4150	1050
		20	76,4	59,9	56,8	4540	1160

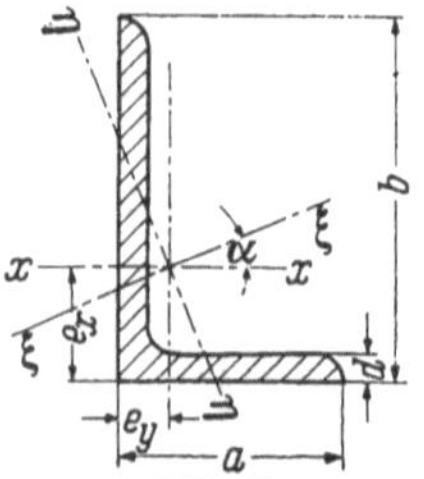

Abb. 26

2. Ungleichschenkliger L-Stahl nach Din 1029

Regellängen 3 ÷ 15 m.

Tafel 32

Profil	Breite a mm	Breite b mm	Stärke d mm	Querschnitt cm²	Gewicht kp/m	Schwerpunktsabstand e_y mm	Schwerpunktsabstand e_x mm	tg α	J_ξ (max) cm⁴	J_η (min) cm⁴
20/30	20	30	3	1,42	1,11	5,0	9,0	0,431	1,43	0,25
			4	1,85	1,45	5,4	10,3	0,423	1,81	0,33
			5	2,26	1,77	5,8	10,7	0,412	2,15	0,40
20/40	20	40	3	1,72	1,35	4,4	14,3	0,259	2,96	0,30
			4	2,25	1,77	4,8	14,7	0,252	3,79	0,39
30/40	30	40	3	2,19	1,72	7,0	14,3	0,441	5,17	0,91
			4	2,87	2,25	7,4	14,8	0,436	6,65	1,18
			5	3,53	2,77	7,8	15,2	0,430	8,02	1,44
30/60	30	60	5	4,29	3,37	6,8	21,5	0,256	16,5	1,69
			7	5,85	4,59	7,6	22,4	0,248	21,8	2,28
40/50	40	50	3	2,63	2,06	9,9	14,8	0,632	8,46	1,89
			4	3,46	2,71	10,3	15,2	0,629	10,9	2,46
			5	4,27	3,35	10,7	15,6	0,625	13,3	3,02
40/60	40	60	5	4,79	3,76	9,7	19,6	0,437	19,8	3,50
			6	5,68	4,46	10,1	20,0	0,433	23,1	4,12
			7	6,55	5,14	10,5	20,4	0,429	26,3	4,73
40/80	40	80	4	4,69	3,68	8,0	27,6	0,265	33,0	3,38
			6	6,89	5,41	8,8	28,5	0,259	47,6	4,90
			8	9,01	7,07	9,5	29,4	0,253	60,9	6,41
50/65	50	65	5	5,54	4,35	12,5	19,9	0,583	28,8	6,21
			7	7,60	5,97	13,0	20,7	0,574	38,4	8,37
			9	9,58	7,52	14,1	21,5	0,567	47,0	10,5
50/100	50	100	6	8,73	6,85	10,4	34,9	0,263	95,2	9,73
			8	11,5	8,99	11,3	35,9	0,258	123	12,6
			10	14,1	11,1	12,0	36,7	0,252	149	15,5
55/75	55	75	5	6,30	4,95	13,3	23,1	0,530	43,1	8,68
			7	8,66	6,80	14,1	27,0	0,525	57,9	11,8
			9	10,9	8,59	14,8	24,7	0,518	71,3	14,8
60/90	60	90	6	8,69	6,82	14,1	28,9	0,442	82,8	14,6
			8	11,4	8,96	14,9	29,7	0,437	107	19,0
			10	14,1	11,0	15,6	30,5	0,431	129	23,1
65/75	65	75	6	8,11	6,37	17,0	21,9	0,740	60,2	14,4
			8	10,6	8,34	17,8	22,8	0,736	77,3	18,8
			10	13,1	10,3	18,6	23,5	0,732	92,7	23,0
65/80	65	80	6	8,41	6,60	16,5	23,9	0,649	68,5	15,6
			8	11,0	8,66	17,3	24,7	0,645	88,0	20,3
			10	13,6	10,7	18,1	25,5	0,640	106	24.8
			12	16,0	12,6	18,8	26,3	0,634	122	29,2

noch Tafel 32

Profil	Breite a	Breite b	Stärke d	Querschnitt	Gewicht	Schwerpunktsabstand e_y	Schwerpunktsabstand e_x	tg α	J_ξ (max)	J_η (min)
	mm	mm	mm	cm^2	kp/m	mm	mm		cm^4	cm^4
65/100	65	100	7	11,2	8,77	15,1	32,3	0,419	128	21,6
			9	14,2	11,1	15,9	33,2	0,415	160	27,2
			11	17,1	13,4	16,7	34,0	0,410	190	32,6
65/115	65	115	6	10,5	8,25	13,8	38,5	0,327	158	21,1
			8	13,8	10,9	14,6	39,4	0,324	205	27,4
			10	17,1	13,4	15,4	40,2	0,321	249	33,2
65/130	65	130	8	15,1	11,9	13,7	45,6	0,263	280	28,6
			10	18,6	14,6	14,5	46,5	0,259	340	35,0
			12	22,1	17,3	15,3	47,4	0,255	397	41,2
75/90	75	90	7	11,1	8,74	19,3	26,7	0,683	117	27,1
			9	14,1	11,1	20,1	27,6	0,679	140	34,1
			11	17,0	13,4	20,9	28,3	0,675	171	40,9
75/100	75	100	7	11,9	9,32	18,3	30,6	0,553	145	20,1
			9	15,1	11,8	19,1	31,5	0,549	181	37,8
			11	18,2	14,3	19,9	32,3	0,545	214	45,4
75/130	75	130	8	15,9	12,5	16,5	43,6	0,339	303	41,3
			10	19,6	15,4	17,3	44,5	0,336	369	50,6
			12	23,3	18,3	18,1	45,3	0,332	432	59,6
75/150	75	150	9	19,5	15,3	15,7	52,8	0,265	484	50,0
			11	23,6	18,6	16,5	53,7	0,261	578	59,8
			13	27,7	21,7	17,3	54,5	0,258	668	69,4
75/170	75	170	10	23,7	18,6	15,2	62,1	0,214	739	58,5
			12	28,1	22,1	16,0	63,0	0,210	868	68,9
			14	32,5	25,5	16,8	63,9	0,207	992	79,0
			16	36,8	28,9	17,6	64,7	0,204	1110	88,8
80/120	80	120	8	15,5	12,2	18,7	38,3	0,441	261	45,8
			10	19,1	15,0	19,5	39,2	0,438	318	56,1
			12	22,7	17,8	20,3	40,0	0,433	371	66,1
			14	26,2	20,5	21,0	40,8	0,429	421	75,8
90/110	90	110	9	17,3	13,6	23,2	33,0	0,652	204	62,2
			11	20,9	16,4	24,0	33,8	0,650	315	74,3
			13	24,5	19,2	24,8	34,6	0,648	362	86,0
90/130	90	130	10	21,2	16,6	21,8	41,5	0,472	420	78,5
			12	25,1	19,7	22,6	42,4	0,468	492	92,6
			14	29,0	22,8	23,4	43,2	0,465	560	106
90/150	90	150	10	23,0	18,2	20,3	49,9	0,363	591	87,3
			12	27,5	21,6	21,1	50,8	0,360	694	102
			14	31,8	25,0	21,9	51,6	0,357	792	118
90/250	90	250	10	33,2	26,0	15,7	94,9	0,156	2220	113
			12	39,5	31,0	16,5	95,9	0,154	2630	133
			14	45,8	36,0	17,4	96,8	0,152	3020	152
			16	52,0	40,8	18,2	97,7	0,150	3400	172
100/150	100	150	10	24,2	19,0	23,4	48,0	0,442	637	112
			12	28,7	22,6	24,2	48,9	0,439	749	132
			14	33,2	26,1	25,0	49,7	0,435	856	152
100/200	100	200	10	29,2	23,0	20,1	69,3	0,266	1300	133
			12	34,8	27,3	21,0	70,3	0,264	1530	158
			14	40,3	31,6	21,8	71,2	0,262	1760	181
			16	45,7	35,9	22,6	72,0	0,259	1970	204
			18	51,0	40,0	23,4	72,9	0,256	2180	227

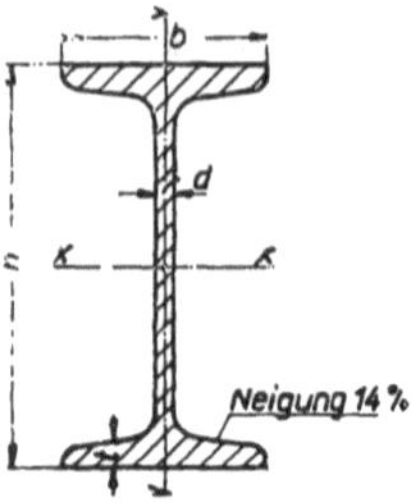

Abb. 27

3. I-Stahl. nach DIN 1025.

Regellängen nach 4 ÷ 15 m.

Tafel 33

Profil	Höhe h mm	Breite b mm	Stegstärke d mm	Flanschstärke t mm	Querschnitt cm²	Gewicht kp/m	J_y cm⁴	J_x cm⁴	W_y cm³	W_x cm³
8	80	42	3,9	5,9	7,57	5,95	6,3	77,7	2,99	19,4
10	100	50	4,5	6,8	10,6	8,33	12,2	170	4,86	34,1
12	120	58	5,1	7,7	14,2	11,1	21,4	327	7,38	54,5
14	140	66	5,7	8,6	18,2	14,3	35,2	572	10,7	81,7
16	160	74	6,3	9,5	22,8	17,9	54,5	933	14,7	117
18	180	82	6,9	10,4	27,9	21,9	81,3	1444	19,8	161
20	200	90	7,5	11,3	33,4	26,2	117	2139	25,9	214
22	220	98	8,1	12,2	39,5	31,0	163	3055	33,3	278
24	240	106	8,7	13,1	46,1	36,2	220	4239	41,6	353
26	260	113	9,4	14,1	53,3	41,8	287	5735	50,6	441
28	280	119	10,1	15,2	61,0	47,9	363	7575	60,8	541
30	300	125	10,8	16,2	69,0	54,2	449	9785	71,9	652
32	320	131	11,5	17,3	77,7	61,0	554	12493	84,6	781
34	340	137	12,2	18,3	86,7	68,1	672	15670	98,1	922
36	360	143	13,0	19,5	97,0	76,2	817	19576	114	1088
38	380	149	13,7	20,5	107	84,0	972	23978	131	1262
40	400	155	14,4	21,6	118	92,6	1160	29173	150	1459
42½	425	163	15,3	23,0	132	104	1433	36956	176	1739
45	450	170	16,2	24,3	147	115	1722	45888	203	2040
47½	475	178	17,1	25,6	163	128	2084	56410	234	2375
50	500	185	18,0	27,0	179	141	2470	68736	267	2750
55	550	200	19,0	30,0	212	166	3486	99054	349	3602
60	600	215	21,6	32,4	254	199	4668	138957	434	4632

4. [-Stahl nach DIN 1026.

Regellängen 4 ÷ 15 m.

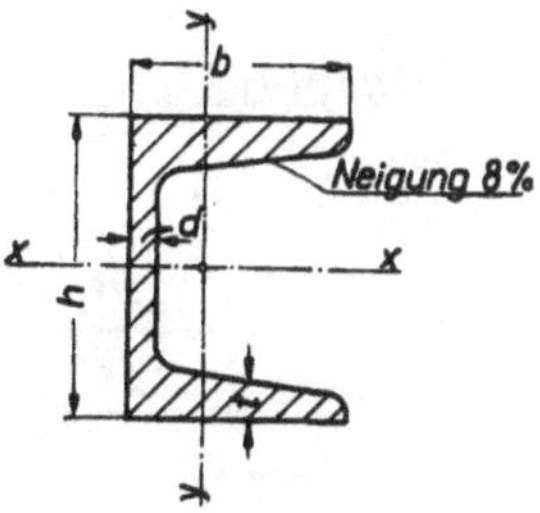

Abb. 28.

Tafel 34

Profil	Höhe h	Breite b	Stegstärke d	Flanschstärke t	Querschnitt	Gewicht	Schwerpunktsabstand	J_y	J_x	x
	mm	mm	mm	mm	cm²	kp/m	mm	cm⁴	cm⁴	cm³
3	30	33	5	7	5,44	4,27	13,1	5,33	6,39	4,3
4	40	35	5	7	6,21	4,88	13,3	6,68	14,1	7,1
5	50	38	5	7	7,12	5,59	13,7	9,12	26,4	10,6
6½	65	42	5,5	7,5	9,03	7,10	14,2	14,1	57,5	17,7
8	80	45	6	8	11,0	8,66	14,5	19,4	106	26,5
10	100	50	6	8,5	13,5	10,6	15,5	29,3	206	41,1
12	120	55	7	9	17,0	13,3	16,0	43,2	364	60,7
14	140	60	7	10	20,4	16,0	17,5	62,7	605	86,4
16	160	65	7,5	10,5	24,0	18,8	18,4	85,3	925	116
18	180	70	8	11	28,0	22,0	19,2	114	1354	150
20	200	75	8,5	11,5	32,2	25,3	20,1	148	1911	191
22	220	80	9	12,5	37,4	29,4	21,4	197	2690	245
24	240	85	9,5	13	42,3	33,2	22,3	248	3598	300
26	260	90	10	14	48,3	37,9	23,6	317	4823	371
28	280	95	10	15	53,3	41,8	25,3	399	6276	450
30	300	100	10	16	58,8	46,2	27,0	495	8026	535
32	320	100	14	17,5	75,8	59,5	26,0	597	10870	679
35	350	100	14	16	77,3	60,6	24,0	570	12840	734
38	380	102	13,34	16	79,7	62,6	23,5	613	15730	826
40	400	110	14	18	91,5	71,8	26,5	846	20350	1020

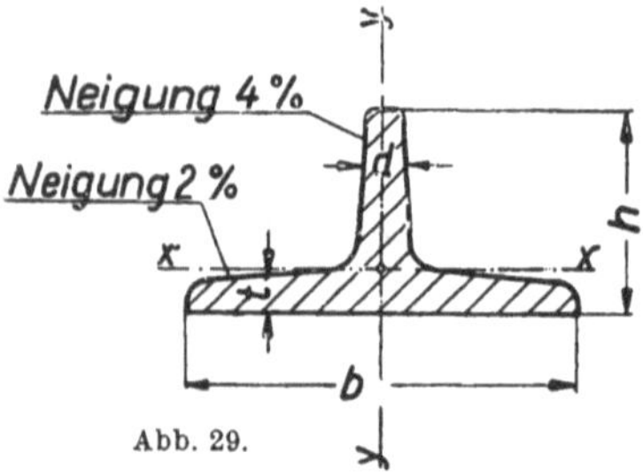

Abb. 29.

5. ⊥-Stahl nach DIN 1024.

Regellängen 3 ÷ 12 m.

Tafel 35

Profil	Breite b mm	Höhe h mm	Stärke d mm	Querschnitt cm²	Gewicht kp/m	Schwerpunktsabstand mm	J_x cm⁴	J_y cm⁴
			Breitfüßige Eisen $h:b = 1:2$					
6/3	60	30	5,5	4,64	3,64	6,7	2,58	8,62
7/3½	70	35	6	5,94	4,66	7,7	4,49	15,1
8/4	80	40	7	7,91	6,21	8,8	7,81	28,5
9/4½	90	45	8	10,2	7,98	10,0	12,7	46,1
10/5	100	50	8,5	12,0	9,42	10,9	18,7	67,7
12/6	120	60	10	17,0	13,3	13,0	38,0	137
14/7	140	70	11,5	22,8	17,9	15,1	68,9	258
16/8	160	80	13	29,5	23,2	17,2	117	422
18/9	180	90	14,5	37,0	29,0	19,3	185	670
20/10	200	100	16	45,4	35,6	21,4	277	1000
			Hochstegige Eisen $h:b = 1:1$					
1½/1½	15	15	3	0,82	0,65	4,6	0,15	0,08
2/2	20	20	3	1,12	0,88	5,8	0,38	0,20
2½/2½	25	25	3,5	1,64	1,29	7,3	0,87	0,43
3/3	30	30	4	2,26	1,77	8,5	1,72	0,87
3½/3½	35	35	4,5	2,97	2,33	9,9	3,10	1,57
4/4	40	40	5	3,77	2,96	11,2	5,28	2,58
4½/4½	45	45	5,5	4,67	3,66	12,6	8,13	4,01
5/5	50	50	6	5,66	4,45	13,9	12,1	6,06
6/6	60	60	7	7,94	6,23	16,6	23,8	12,2
7/7	70	70	8	10,6	8,32	19,4	44,5	22,1
8/8	80	80	9	13,6	10,7	22,2	73,7	37,0
9/9	90	90	10	17,1	13,4	24,8	119	58,5
10/10	100	100	11	20,9	16,4	27,4	179	88,3
12/12	120	120	13	29,6	23,2	32,8	366	178
14/14	140	140	15	39,9	31,3	38,0	660	330
16/16	160	160	15	45,8	35,9	42,0	1010	490
18/18	180	180	18	61,7	48,5	48,0	1720	857

Tafel 36

6. Z-Stahl nach DIN 1027

Regellängen

3 ÷ 10 m.

Profil	Höhe h mm	Breite b mm	Steg-stärke d mm	Flansch-stärke t mm	Quer-schnitt cm²	Ge-wicht kp/m	tg α	J_ξ (max) cm⁴	J_η (min) cm⁴
3	30	38	4	4,5	4,32	3,39	1,655	18,1	1,54
4	40	40	4,5	5	5,43	4,26	1,181	28,0	3,05
5	50	43	5	5,5	6,77	5,31	0,939	44,9	5,23
6	60	45	5	6	7,91	6,21	0,779	67,2	7,60
8	80	50	6	7	11,1	8,73	0,588	142	14,7
10	100	55	6,5	8	14,5	11,4	0,492	270	24,6
12	120	60	7	9	18,2	14,3	0,433	470	37,7
14	140	65	8	10	22,9	18,0	0,385	768	56,4
16	160	70	8,5	11	27,5	21,6	0,357	1184	79,5
18	180	75	9,5	12	33,3	26,1	0,329	1759	110
20	200	80	10	13	38,7	30,4	0,313	2509	147

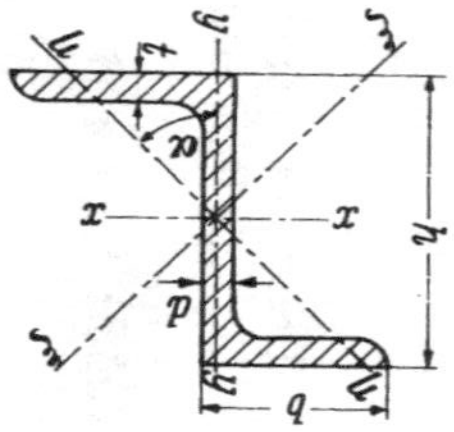

Abb. 30.

Tafel 37: Belagstahl nach DIN 1023. Größte Längen 12 ÷ 16 m

Profil	Höhe h mm	Breite a mm	Breite b mm	Breite c mm	Steg-stärke d mm	Stär-ke t mm	Quer-schnitt cm²	Ge-wicht kp/m	J_y cm⁴	J_x cm⁴	W_x cm³
43	43	30	110	15	3	3,5	5,01	3,93	55,6	12,1	5,21
60	60	38	140	24	3,5	6	9,34	7,32	164	47,2	15,6
75	75	45,5	170	28,5	4	7	13,2	10,4	347	105	28,1
90	90	53	200	33	4,5	8	17,9	14,1	651	207	46,1
110	110	63	240	39	5	9	24,2	19,0	1270	420	75,9

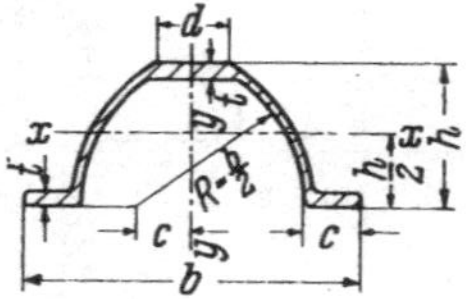

Abb. 31.

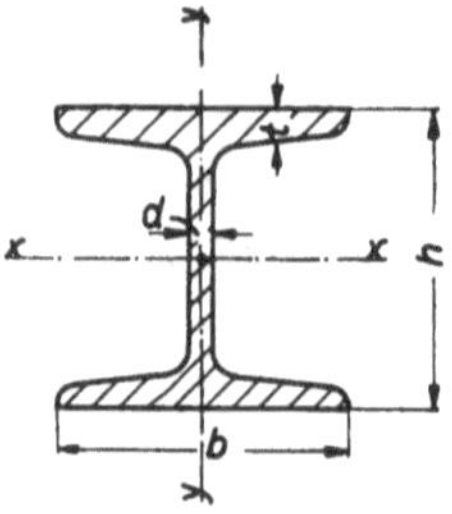

Abb. 32.

8. Breitflanschiger I-Stahl nach DIN 1025

Größte Längen 17 ÷ 20 m.

Tafel 38

Profil	Höhe h mm	Breite b mm	Steg-stärke d mm	Flansch-stärke t mm	Quer-schnitt cm^2	Gewicht kp/m	J_y cm^4	J_x cm^4	W_y cm^3	W_x cm^3
16	160	160	9	14	58,4	45,8	958	2630	120	329
18	180	180	9	14	65,8	51,6	1360	3830	151	426
20	200	200	10	16	82,7	64,9	2140	5950	214	595
22	220	220	10	16	91,1	71,5	2840	8050	258	732
24	240	240	11	18	111	87,4	4150	11690	346	974
26	260	260	11	18	121	94,8	5280	15050	406	1160
28	280	280	12	20	144	113	7320	20720	523	1480
30	300	300	12	20	154	121	9010	25760	600	1720
32	320	300	13	22	171	135	9910	32250	661	2020
34	340	300	13	22	174	137	9910	36940	661	2170
36	360	300	14	24	192	150	10810	45120	721	2510
38	380	300	14	24	194	153	10810	50950	721	2680
40	400	300	14	26	209	164	11710	60640	781	3030
42½	425	300	14	26	212	166	11710	69480	781	3270
45	450	300	15	28	232	182	12620	84220	841	3740
47½	475	300	15	28	235	185	12620	95120	841	4010
50	500	300	16	30	255	200	13530	113200	902	4530
55	550	300	16	30	263	207	13530	140300	902	5100
60	600	300	17	32	289	227	14440	180800	962	6030
65	650	300	17	32	297	234	14440	216800	962	6670
70	700	300	18	34	324	254	15350	270300	1020	7720
75	750	300	18	34	333	261	15350	316300	1020	8430
80	800	300	18	34	342	268	15350	366400	1020	9160

2.09 Biegung

Abb. 33 zeigt einen Balken, welcher durch die Kräfte P_1 und P_2 auf Biegung beansprucht wird. P_1 und P_2 erzeugen in den beiden Auflagern Auflagerkräfte R_1 und R_2, welche den beiden Kräften P_1 und P_2 entgegengesetzt gerichtet sind. Soll Gleichgewicht herrschen, muß die Summe der Auflagerkräfte $R_1 + R_2$ gleich der Summe der gegebenen äußeren Kräfte sein. Es besteht mithin die Gleichung

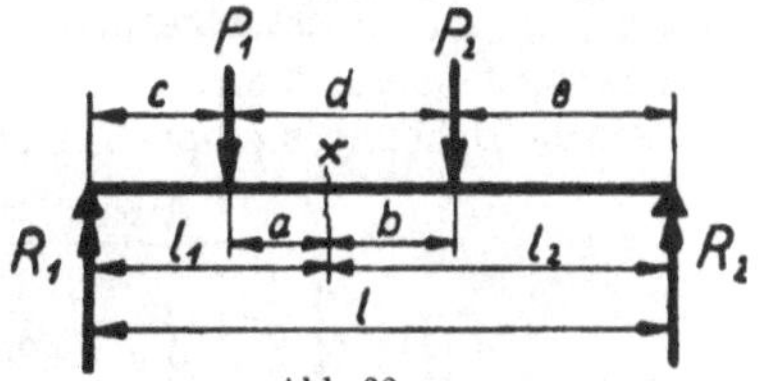

Abb. 33.

$$R_1 + R_2 = P_1 + P_2 .$$

Andererseits muß für einen Gleichgewichtszustand die algebraische Summe der statischen Momente für einen beliebigen Drehpunkt gleich 0 sein, also

$$\Sigma(M) = 0 .$$

Beide Gleichungen benutzt man zur Berechnung der Auflagerkräfte R_1 und R_2.

Um R_1 zu finden, nimmt man am zweckmäßigsten den Drehpunkt in R_2 an. Es ergibt sich dann nach obenstehender Abbildung die Gleichung

$$R_1 l - P_1 (d + e) - P_2 e = 0 ,$$

$$R_1 = \frac{P_1 (d + e) + P_2 e}{l} .$$

Analog kann R_2 berechnet werden unter der Annahme des Drehpunktes in R_1; andererseits kann aber auch R_2 berechnet werden aus der Beziehung

$$R_1 + R_2 = P_1 + P_2 ,$$

$$R_2 = P_1 + P_2 - R_1 .$$

Bei der Biegung eines Balkens tritt auf der den äußeren Kräften P_1 und P_2 zugewandten Seite Druck, auf der anderen Seite dagegen Zug ein (Abb. 34). In der „neutralen Achse" 0, welche bei symmetrischen Querschnitten mit der Schwerpunktsachse zusammenfällt, ist weder Zug noch Druck vorhanden; die neutrale Faser behält also ihre ursprüngliche Länge bei. Hierbei ist angenommen, daß bei der Biegung die Querschnitte eben bleiben, indem nach dem Hookeschen Gesetz die Dehnungen proportional den Spannungen wachsen.

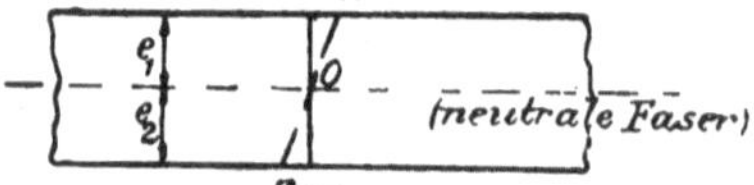

Abb. 34.

Wie aus obenstehender Figur zu ersehen ist, dreht sich also jeder Querschnitt um eine Achse O, die in der Querschnittsebene liegt. Das Trägheitsmoment bezogen auf eine solche Achse heißt „äquatoriales Moment". Bei Beton, Zement, Gußeisen usw. ($\varepsilon = \alpha \sigma^n$) liegt die Nullinie tiefer, und die Spannungen verteilen sich nicht geradlinig.

Die Berechnung eines beliebigen Querschnittes x (Abb. 33) erfolgt nach der Formel

$$M_{bx} = W \sigma_{b\,\text{zul}} \text{ [cm kp]}.$$

worin $W = \frac{J}{e}$ das Widerstandsmoment bedeutet, vgl. S. 47 und 48.

J ist das Trägheitsmoment bezogen auf die Drehachse des Querschnittes in cm^4,

e ist der Abstand der äußersten Faser von der Nullinie.

Es ist also das erforderliche Widerstandsmoment

$$W = \frac{M_{bx}}{\sigma_{b\,\text{zul}}} \text{ [cm}^3\text{]}.$$

Die Berechnung der tatsächlichen Spannung σ_b im Querschnitt x geschieht nach der Formel

$$\sigma_b = \frac{M_{bx}}{W} \text{ [kp/cm}^2\text{]}.$$

Es muß sein $\sigma_b \leqq \sigma_{b\,\text{zul}}$.

Das Biegungsmoment M_{bx} ist die algebraische Summe aller statischen Momente auf der einen Seite des betreffenden Querschnittes bezogen auf diesen. Es ist also (Abb. 33)

$$M_{bx} = R_1 l_1 - P_1 a = R_2 l_2 - P_2 b .$$

M_b ist positiv, wenn es für den linken Balkenteil rechts dreht bzw. für den rechten Balkenteil links dreht.

Tafel 39: Übersicht über einige Biegungsbeanspruchungen

Art der Belastung	Größtes Biegungsmoment cm kp	Größte Durchbiegung cm
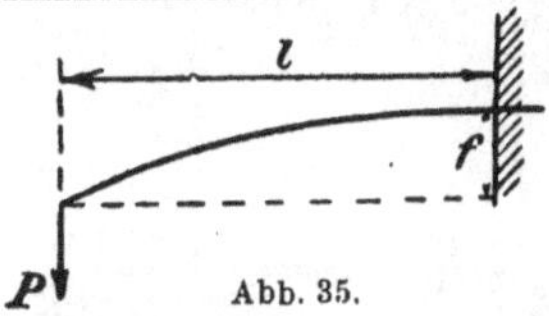 Abb. 35.	$\max M_b = P l$	$f = \frac{P \cdot l^3}{3 \cdot J \cdot E}$
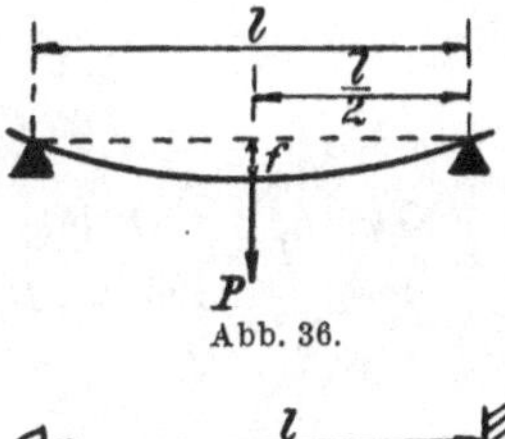 Abb. 36.	$\max M_b = \frac{P l}{4}$	$f = \frac{P \cdot l^3}{48 \cdot J \cdot E}$
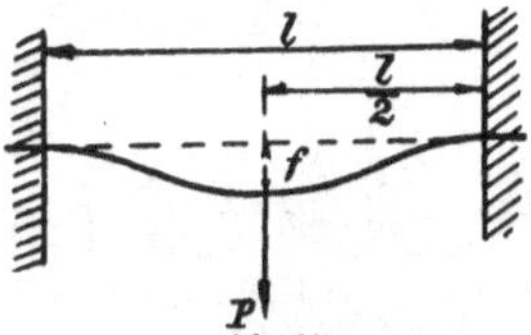 Abb. 37.	$\max M_b = \frac{P l}{8}$	$f = \frac{P \cdot l^3}{192 \cdot J \cdot E}$

noch Tafel 39

Art der Belastung	Größtes Biegungsmoment	Größte Durchbiegung
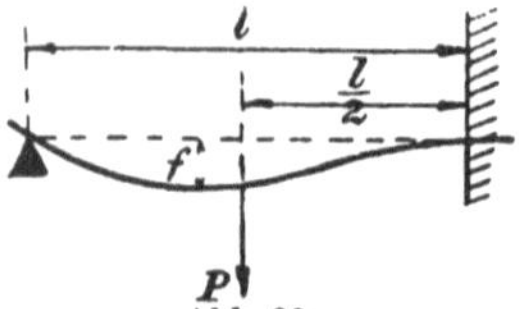 Abb. 38.	$\max M_b = \frac{3}{16} P l$	$f = \frac{P \cdot l^3}{48 \cdot J \cdot E} \cdot \sqrt{\frac{1}{5}}$
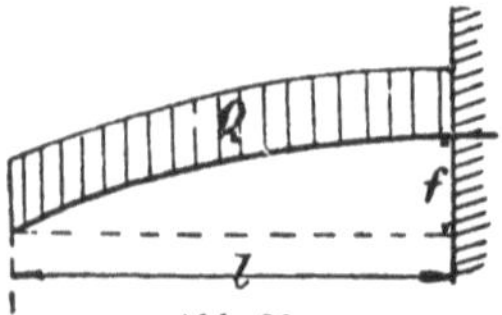 Abb. 39.	$\max M_b = \frac{Q l}{2}$	$f = \frac{Q \cdot l_3}{8 \cdot J \cdot E}$
 Abb. 40.	$\max M_b = \frac{Q l}{8}$	$f = \frac{Q \cdot l^3}{384 \cdot J \cdot E} \frac{5}{}$
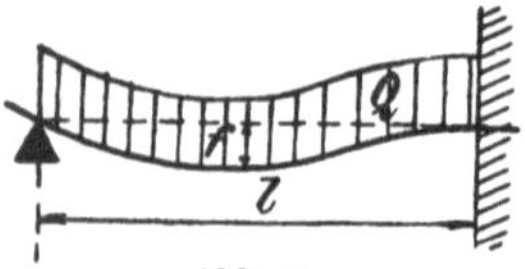 Abb. 41.	$\max M_b = \frac{Q l}{8}$	$f = \frac{Q \cdot l^3}{185 \cdot J \cdot E}$
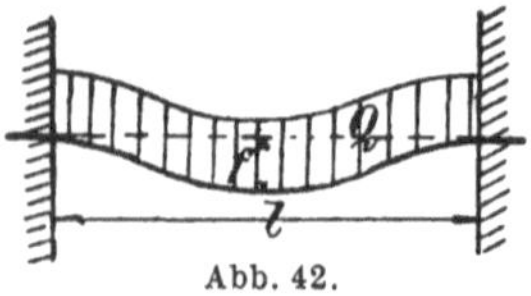 Abb. 42.	$\max M_b = \frac{Q l}{12}$	$f = \frac{Q \cdot l^3}{384 \cdot J \cdot E}$

2.10 Knickung

Gedrückte Stäbe, deren Länge im Vergleich zu den Querschnittsabmessungen groß ist, sind auf Knickbeanspruchung zu berechnen. Zur Dimensionierung dienen:

1. die Eulerschen Formeln:

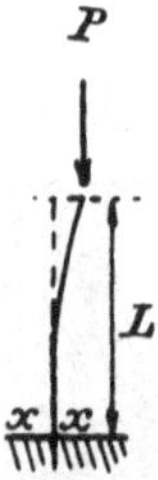

Abb. 43.

Fall 1:
Ein Ende eingespannt, das andere frei.

$$P_k = \frac{\pi^2 J E}{4 l^2}$$

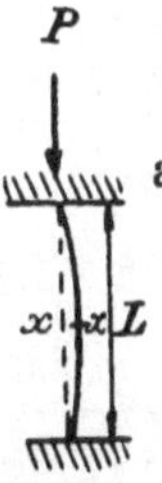

Abb. 44.

Fall 2:
Beide Enden frei, aber z.B. durch Gelenke gehalten.

$$P_k = \frac{\pi^2 J E}{l^2}$$

Abb. 45.

Fall 3:
Ein Ende eingespannt, das andere z. B. durch ein Gelenk gehalten.

$$P_k = 2\,\frac{\pi^2 J E}{l^2}$$

Abb. 46.

Fall 4:
Beide Enden eingespannt.

$$P_k = 4\,\frac{\pi^2 J E}{l^2}$$

In diesen Formeln ist J das kleinste axiale Trägheitsmoment in cm⁴ des gefährlichen Querschnittes $x - x$, E der Elastizitätsmodul in kp/cm² und l die Stabknicklänge in cm. Die zulässige Stabbelastung ist $P = \frac{P_k}{\nu}$[kp], wobei ν die Sicherheit gegen Knicken ist (5 bei St37).

Tafel 41: Knickzahlen ω (s. S. 68)

Knickzahlen ω											
Flußstahl St 00.12, Handelsbaustahl St 37.12											
λ	0	1	2	3	4	5	6	7	8	9	λ
0	1,00	1,00	1,00	1,00	1,00	1,00	1,00	1,00	1,00	1,00	0
10	1,01	1,01	1,01	1,01	1,01	1,01	1,01	1,02	1,02	1,02	10
20	1,02	1,03	1,03	1,03	1,03	1,04	1,04	1,04	1,05	1,05	20
30	1,05	1,06	1,06	1,07	1,07	1,08	1,08	1,09	1,09	1,10	30
40	1,10	1,11	1,11	1,12	1,13	1,13	1,14	1,15	1,15	1,16	40
50	1,17	1,18	1,18	1,19	1,20	1,21	1,22	1,23	1,24	1,25	50
60	1,26	1,27	1,29	1,30	1,31	1,32	1,34	1,35	1,36	1,38	60
70	1,39	1,41	1,43	1,44	1,46	1,48	1,50	1,52	1,54	1,56	70
80	1,59	1,61	1,63	1,66	1,69	1,71	1,74	1,78	1,81	1,84	80
90	1,88	1.92	1,95	2,00	2,04	2,09	2,14	2,19	2,24	2,30	90
100	2,36	2,41	2,46	2,51	2,56	2,61	2,66	2,71	2,76	2,81	100
110	2,86	2,91	2,97	3,02	3,07	3,13	3,18	3,24	3,29	3,35	110
120	3,40	3,46	3,52	3,58	3,64	3,69	3,75	3,81	3,87	3,93	120
130	4,00	4,06	4,12	4,18	4,25	4,31	4,37	4,44	4,50	4,57	130
140	4,63	4,70	4,77	4,83	4,90	4,97	5,04	5,11	5.18	5,25	140
150	5,32	5,39	5,46	5,53	5,61	5,68	5,75	5,83	5,90	5,98	150
160	6,05	6,13	6,20	6,28	6,36	6,44	6,51	6,59	6,67	6,75	160
170	6,83	6,91	6,99	7,08	7,16	7,24	7,32	7,41	7,49	7,57	170
180	7,66	7,75	7,83	7,92	8,00	8,09	8,18	8,27	8,36	8,44	180
190	8,53	8,62	8,72	8,81	8,90	8,99	9,08	9,17	9,27	9,36	190
200	9,46	9,55	9,65	9,74	9,84	9,94	10,03	10,13	10,23	10,33	200
210	10,43	10,53	10,63	10,73	10,83	10,93	11,03	11,13	11,24	11,34	210
220	11,44	11,55	11,65	11,76	11,86	11,97	12,08	12,18	12,29	12,40	220
230	12,51	12,62	12,72	12,83	12,94	13,06	13,17	13,28	13,39	13,50	230
240	13,62	13,73	13,84	13,96	14,08	14,19	14,31	14,42	14,54	14,66	240
250	14,78										250

Baustahl St 52

0	1,00	1,00	1,00	1,00	1,00	1,00	1,00	1,00	1,00	1,01	0
10	1,01	1,01	1,01	1,01	1,01	1,02	1,02	1,02	1,02	1,03	10
20	1,03	1,03	1,04	1,04	1,04	1,05	1,05	1,06	1,06	1,06	20
30	1,07	1,07	1,08	1,08	1,09	1,10	1,10	1,11	1,12	1,12	30
40	1,13	1,14	1,15	1,15	1,16	1,17	1,18	1,19	1,20	1,21	40
50	1,22	1,23	1,24	1,25	1,26	1,28	1,29	1,30	1,32	1,33	50
60	1,35	1,36	1,38	1,40	1,42	1,44	1,46	1,48	1,50	1,52	60
70	1,54	1,57	1,59	1,62	1,65	1,68	1,71	1,74	1,78	1,81	70
80	1,85	1,89	1,93	1,98	2,03	2,08	2,13	2,19	2,25	2,32	80
90	2,39	2,47	2,55	2,64	2,74	2,84	2,96	3,08	3,22	3,38	90
100	3,55	3,62	3,69	3,76	4,84	3,91	3,98	4,06	4,14	4,21	100
110	4,29	4,37	4,45	4,53	4,61	4,69	4,77	4,85	4,94	5,02	110
120	5,11	5,19	5,28	5,37	5,45	5,54	5,63	5,72	5,81	5,90	120
130	5,99	6,09	6,18	6,27	6,37	6,46	6,56	6,66	6,75	6,85	130
140	6,95	7,05	7,15	7,25	7,35	7,46	7,56	7,66	7,77	7,87	140
150	7,98	8,09	8,19	8,30	8,41	8,52	8,63	8,74	8,85	8,97	150
160	9,08	9,19	9,31	9,42	9,54	9,65	9,77	9,89	10,01	10,13	160
170	10,25	10,37	10,49	10,61	10,74	10,86	10,98	11,11	11,24	11,36	170
180	11,49	11,62	11,75	11,88	12,01	12,14	12,27	12,40	12,53	12,67	180
190	12,80	12,94	13,07	13,21	13,35	13,48	13,62	13,76	13,90	14,04	190
200	14,18	14,33	14,47	14,61	14,76	14,90	15,05	15,20	15,34	15,49	200
210	15,64	15,79	15,94	16,09	16,24	16,39	16,55	16,70	16,85	17,01	210
220	17,16	17,32	17,48	17,64	17,79	17,95	18,11	18,27	18,44	18,60	220
230	18,76	18,92	19,09	19,25	19,42	19,58	19,75	19,92	20,09	20,26	230
240	20,43	20,60	20,77	20,94	21,11	21,29	21,46	21,64	21,81	21,99	240
250	22,16										250

Beispiel: $\omega = 8{,}52$ für $\lambda = 155$

Anwendung der Eulerformeln abhängig vom Schlankheitsgrad $\lambda = \frac{s_k}{i}$ des Stabes. Hierin ist s_k die freie Knicklänge des Stabes in cm und $i = \sqrt{J/F}$ der kleinste Trägheitsradius [cm] des Stabquerschnittes F in cm². Für kleinere Werte λ gelten die in der Tafel 40 angegebenen Formeln von Tetmajer.

Tafel 40

Werkstoff	E kp/cm²	σ_k in kp/cm² Euler-Formel gilt für $\frac{\pi^2 E}{\lambda^2}$	$\lambda \geqq$	Für kleinere Werte λ nach Tetmajer
Nadelholz	100000	$987000 : \lambda^2$	100	$293 - 1{,}94\,\lambda$
Grauguß	1000000	$9870000 : \lambda^2$	80	$7760 - 120\,\lambda + 0{,}53\,\lambda^2$
Stahl	2000000	$19740000 : \lambda^2$	112	$3030 - 12{,}9\,\lambda$
Stahl	2100000	$20730000 : \lambda^2$	105	$3100 - 11{,}4\,\lambda$
Stahl	2200000	$21710000 : \lambda^2$	89	$3350 - 6{,}2\,\lambda$
Nickelstahl (bis 5% Ni)	2100000	$20730000 : \lambda^2$	86	$4700 - 23{,}9\,\lambda$

2. ω-Verfahren (s. Tafel 41 auf S. 66 u. 67).

Im Stahl-Hochbau Berechnung von Stäben auf Knickung nur nach dem ω-Verfahren. Die Druckkraft S im Stab in kp ist mit der Knickzahl $\omega = \frac{\sigma_{zul}}{\sigma_{d\,zul}} = \frac{\text{zulässige Zugspannung}}{\text{zulässige Knickspannung}}$ zu vervielfachen. ω ist vom Schlankheitsgrad $\lambda = \frac{s_k}{i}$ und vom Werkstoff des Stabes abhängig. Es ist nachzuweisen, daß die Knickspannung

$$\sigma_\omega = \omega \frac{S}{F} \leqq \sigma_{zul} \text{ [kp/cm}^2\text{] ist.}$$

2.11 Verdrehung

Wenn ein Stab auf Verdrehung beansprucht wird, findet eine Verschiebung der benachbarten Querschnitte gegeneinander statt, indem sich jeder einzelne Querschnitt um eine Achse dreht, die senkrecht zu seiner Ebene steht.

Es besteht die Beziehung

$$M_t = \frac{J_p}{e} \cdot \tau = W_t \cdot \tau.$$

Hierin bedeuten J_p das polare Trägheitsmoment in cm⁴, W_p das polare Widerstandsmoment in cm³ (vgl. S. 47 und 48) und τ die Verdrehungsspannung in kp/cm². Weiterhin ist

$$M_t = P\,r = 71\,620\,\frac{N}{n} \quad [\text{cm kp}]$$

Hierin ist

P = Kraft in kp,

r = Hebelarm von P in cm,

N = Leistung in PS oder in $\frac{\text{kW}}{0{,}736}$

n = Drehzahl pro Minute.

Für kreisförmige und kreisähnliche Querschnitte ist

$$W_p = \frac{J_p}{e} = \frac{J_x + J_y}{e} \quad \text{(s. S. 48).}$$

Tafel 42: Zulässiges Drehmoment

Querschnitt	Zulässiges Drehmoment M_t cm kp	Lage der maximalen Spannung max τ
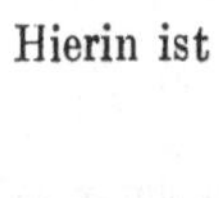	$\frac{\pi}{16} d^3 \tau_{zul}$	im Umfang
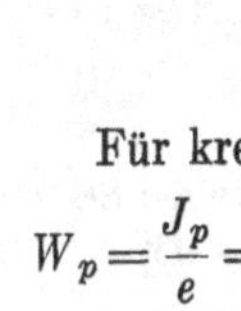	$\frac{\pi}{16} \frac{D^4 - d^4}{D} \tau_{zul}$; $1{,}6\, d_m^2 \delta \tau_{zul}$	im äußeren Umfang

noch Tafel 42

Querschnitt	Zulässiges Drehmoment M_t cm kp	Lage der maximalen Spannung max τ
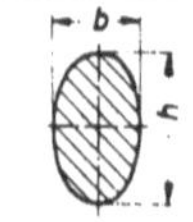	$\frac{\pi}{16} b^2 h \tau_{zul}$ $(h > b)$	in den Endpunkten der kleinen Achse b
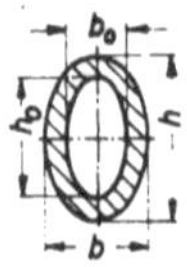	$\frac{\pi}{16} \frac{b^3 h - b_0^3 h_0}{b} \tau_{zul}$; $(h > b)$ $h_0 : h = b_0 : b$	in den Endpunkten der kleinen Achse b
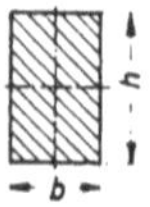	$\approx \frac{2}{9} b^2 h \tau_{zul}$	in den Mitten der Seite h (in den Ecken ist $\tau = 0$)
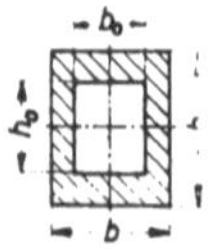	$\frac{2}{9} \frac{b^3 h - b_0^3 h_0}{b} \tau_{zul}$	in den Mitten der Seite h (in den Ecken ist $\tau = 0$)
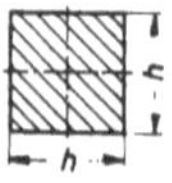	$\frac{2}{9} h^3 \tau_{zul}$	in den Mitten der Seite h (in den Ecken ist $\tau = 0$)
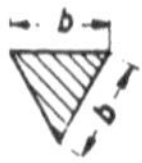	$\frac{b^3}{20} \tau_{zul}$	
	$\frac{b^3}{1{,}09} \tau_{zul}$	

Abb. 47 – 55.

2.12 Zusammengesetzte Festigkeit

Als technisch wichtigster Fall der „zusammengesetzten Festigkeit" kommt die gleichzeitige Beanspruchung eines Bauteiles auf Biegung und Drehung in Betracht (z. B. bei Wellen).

Bei dieser Beanspruchung treten Biegungs- und Drehmomente auf, welche sich zu einem ideellen Biegungsmoment M_i zusammensetzen. Dieses geschieht nach der Formel

$$M_i = 0{,}35\, M_b + 0{,}65 \sqrt{M_b^2 + (\alpha_0\, M_t)^2}\ [\text{cm kp}],$$

wobei

$$\alpha_0 = \frac{\sigma_{zul}}{1{,}3\, \tau_{zul}}$$

ist.

Das erforderliche Widerstandsmoment, d. h. die Dimensionen berechnen sich dann nach der Gleichung

$$W = \frac{M_i}{\sigma_{zul}}\ [\text{cm}^3].$$

Die größte ideelle Hauptspannung ergibt sich nach der Formel

$$\sigma_{i_{max}} = 0{,}35\, \sigma + 0{,}65 \sqrt{\sigma^2 + 4\alpha_0^2\, \tau^2},$$

worin σ und τ die zugehörigen Werte sind, für welche σ_i am größten wird.

2.13 Federn

Es bedeute

P die zulässige Belastung in kp,

$A = \frac{Pf}{2}$ die Federungsarbeit in cm kp,

l die Länge der ausgestreckten Feder in cm,

f die Durchbiegung in cm,

n die Anzahl der Windungen bzw. Blätter,
G das Schubelastizitätsmaß in kp/cm²,

$G = \frac{m}{2(m+1)} E$; (über Bedeutung von E und m siehe „Zug und Druck“ S. 36 u. 37).

Tafel 43: Federn

Art der Feder	Zulässige Belastung P kp	Durchbiegung f cm
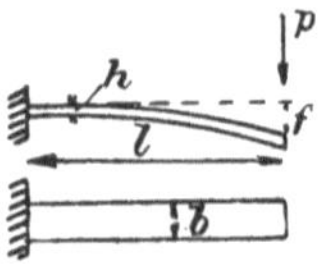	$\frac{\sigma_{zul}}{6}\,\frac{b\,h^2}{l}$	$\frac{4\,l^3\,P}{b\,h^3\,E} = \frac{2}{3}\,\frac{l^2}{h}\,\frac{\sigma_{zul}}{E}$
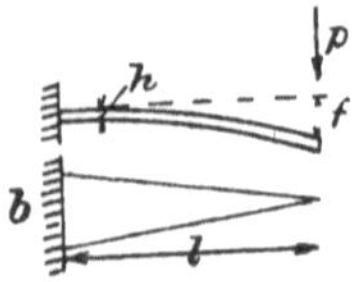	$\frac{\sigma_{zul}}{6}\,\frac{b\,h^2}{l}$	$\frac{6\,l^3\,P}{b\,h^3\,E} = \frac{l^2}{h}\,\frac{\sigma_{zul}}{E}$
	$n\,\frac{\sigma_{zul}}{6}\,\frac{b\,h^2}{l}$	$\frac{6}{n}\,\frac{l^3}{b\,h^3}\,\frac{P}{E} = \frac{l^2}{h}\,\frac{\sigma_{zul}}{E}$
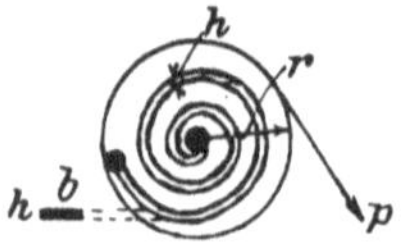	$\frac{\sigma_{zul}}{6}\,\frac{b\,h^2}{r}$	$12\,\frac{l\,r^2}{b\,h^3}\,\frac{P}{E} = 2\,\frac{r\,l}{h}\,\frac{\sigma_{zul}}{E}$

noch Tafel 43

Art der Feder	Zulässige Belastung P kp	Durchbiegung f cm
	$\frac{\pi d^3}{16}\,\frac{\tau_{zul}}{r}$	$\frac{64\, n\, r^3}{d^4}\,\frac{P}{G} = \frac{4\,\pi\, n\, r^2}{d}\,\frac{\tau_{zul}}{G}$
	$\frac{2}{9}\, b^2 h\, \frac{\tau_{zul}}{r}$	$\approx 7{,}2\,\pi\, n\, r^3\, \frac{b^2 + h^2}{b^3 h^3}\,\frac{P}{G}$ $= 1{,}6\,\pi\, n\, r^2\, \frac{b^2 + h^2}{b\, h^2}\,\frac{\tau_{zul}}{G}$
	$\frac{\pi d^3}{16}\,\frac{\tau_{zul}}{r}$	$\approx \frac{16}{\pi}\,\frac{r^2 l}{d^4}\,\frac{P}{G} = \frac{r\, l}{d}\,\frac{\tau_{zul}}{G}$ $= 16\, n\, \frac{r^3}{d^4}\,\frac{P}{G} = \pi\, n\, \frac{r^2}{d}\,\frac{\tau_{zul}}{G}$
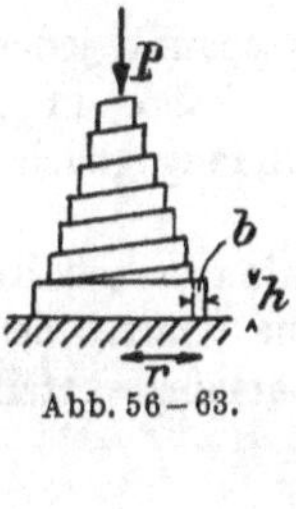	$\frac{2}{9}\,\frac{b^2 h}{r}\,\tau_{zul}$	$\approx 1{,}8\, r^2 l\, \frac{b^2 + h^2}{b^3 \cdot h^3}\,\frac{P}{G}$ $= 0{,}4\, r\, l\, \frac{b^2 + h^2}{b\, h^2}\,\frac{\tau_{zul}}{G}$ $= 1{,}8\,\pi\, n\, r^3\, \frac{b^2 + h^2}{b^3 \cdot h^3}\,\frac{P}{G}$ $= 0{,}4\,\pi\, n\, r^2\, \frac{b^2 + h^2}{b\, h^2}\,\frac{\tau_{zul}}{G}$

Abb. 56–63.

2.14 Festigkeit von Platten

Bezeichnet man mit

δ die Plattenstärke in cm,

f die Durchbiegung in der Mitte in cm,

E den Elastizitätsmodul in kp/cm²,

σ_{zul} die zulässige Biegungsbeanspruchung in kp/cm²,

dann lassen sich folgende Beziehungen für die Stärke und die Durchbiegung von Platten aufstellen.

1. Kreisförmige Platte, welche im Umfange vom Radius r aufgelagert ist und durch einen Flüssigkeitsdruck von p kp/cm² gleichmäßig belastet wird.

Es bestehen die Gleichungen

$$\delta = r\sqrt{\varphi \frac{p}{\sigma_{zul}}} \text{ [cm]},$$

$$f = \psi \frac{r^4}{\delta^3} \frac{p}{E} \text{ [cm]}.$$

Die Koeffizienten φ und ψ richten sich in ihrer Größe nach dem Zustande der Auflagerung der Platte, d. h. je nachdem diese sich dem freien Aufliegen weniger oder mehr nähert. Es beträgt

für Grauguß $\varphi = 0{,}80 \div 1{,}20$,
$\psi = 0{,}17 \div 0{,}60$;

für Stahl $\varphi = 0{,}45 \div 0{,}50$ Platte eingespannt; σ_{max} am Umfang,
$\varphi = 0{,}67 \div 0{,}75$ Platte frei aufliegend; σ_{max} in Mitte,
$\varphi = 0{,}33 \div 0{,}38$ Platte eingespannt, jedoch so nachgiebig, daß σ in Mitte und am Umfang gleich groß ist.

2. Kreisförmige Platte, welche im Umfange vom Radius r_2 frei aufliegt und in der Mitte durch eine Kraft p belastet wird, die sich auf eine Fläche $r_1^2\pi$ gleichmäßig verteilt.

Es berechnet sich

$$\delta = \sqrt{\frac{3}{\pi}\,\varphi\left(1 - \frac{2}{3}\,\frac{r_1}{r_2}\right)\frac{p}{\sigma_{zul}}}\ [\mathrm{cm}],$$

$$f = \psi\,\frac{r_2^2}{\delta^3}\,\frac{p}{E}\ [\mathrm{cm}].$$

Für Grauguß ist $\varphi = 1{,}5$

$\psi = 0{,}4 \div 0{,}5.$

3. Kreisförmige Platte, welche im Umfange vom Radius r_2 eingespannt ist. Die Belastung sei dieselbe wie bei 2.

Dann ist

$$\delta = \sqrt{\frac{1{,}365}{\pi}\,\frac{p}{\sigma_{zul}}\,\ln\frac{r_2}{r_1}}\ [\mathrm{cm}],$$

$$f = \frac{0{,}682}{\pi}\,\frac{r_2^2}{\delta^3}\,\frac{p}{E}\ [\mathrm{cm}].$$

4. Rechteckige Platte, welche in einem Umfange von der großen Seite a und der kleinen b aufliegt und durch den Flüssigkeitsdruck p kp/cm² gleichmäßig belastet wird.

$$\delta = \frac{b}{2}\sqrt{\varphi\,\frac{2\,p}{\sigma^{zul}\left(1 + \frac{b_2}{a^2}\right)}}\ [\mathrm{cm}].$$

Es ist für Grauguß $\varphi = 0{,}75 \div 1{,}13,$

Stahl $\varphi = 0{,}56 \div 1{,}13.$

5. Rechteckige Platte wie unter 4., frei aufliegend und in der Mitte durch eine Kraft p kp belastet.

$$\delta = \sqrt{1{,}5\,\varphi\,\frac{p}{\sigma_{zul}}\,\frac{b}{a\left(1 + \left(\frac{b}{a}\right)^2\right)}}\ [\mathrm{cm}].$$

Für Grauguß ist $\varphi = 1{,}75 \div 2{,}0.$

6. Elliptische Platte, welche am Umfange aufliegt und durch einen Flüssigkeitsdruck p kp/cm² gleichmäßig belastet wird.

Setzt man die große Halbachse gleich a und die kleine Halbachse gleich b, so ist

$$\delta = \sqrt{\varphi \frac{b^2}{1 + \left(\frac{b}{a}\right)^2} \frac{2p}{\sigma_{zul}}} \text{ [cm]}.$$

Für Grauguß ist $\varphi = 0{,}67 \div 1{,}13$.

7. Elliptische Platte, im Umfange frei aufliegend und in der Mitte durch eine Kraft p kp belastet.

Wird wieder die große und kleine Halbachse mit a bzw. b bezeichnet, so ist

$$\delta = \sqrt{\frac{8}{5\pi} \cdot \varphi \cdot \frac{8 + 4\left(\frac{b}{a}\right)^2 + 3\left(\frac{b}{a}\right)^4}{3 + 2\left(\frac{b}{a}\right)^2 + 3\left(\frac{b}{a}\right)^4} \cdot \left(\frac{b}{a}\right) \cdot \left(\frac{p}{\sigma_{zul}}\right)} \text{ [cm]}.$$

Für Grauguß ist $\varphi = 1{,}50 \div 1{,}67$.

2.15 Festigkeit von Gefäßen

Es sei

r_i der innere Radius in cm,

r_a der äußere Radius in cm,

δ die Wandstärke in cm,

$\sigma_{d\,zul}$ die zulässige Druckbeanspruchung in kp/cm²,

$\sigma_{z\,zul}$ die zulässige Zugbeanspruchung in kp/cm².

1. Zylindrisches Gefäß mit dem inneren Überdruck p kp/cm².

Die größte Beanspruchung tritt an der Innenfläche in Richtung des Umfanges auf. Der äußere Radius berechnet sich nach der Formel

$$r_a = r_i \sqrt{\frac{\sigma_{z\,zul} + 0{,}4p}{\sigma_{z\,zul} - 1{,}3\,p}} \text{ [cm]}.$$

Die Wandstärke ist $\delta = r_a - r_i$.

Ist δ im Vergleich zu r_i nur gering, so kann man die Wandstärke mit hinreichender Genauigkeit aus der Gleichung

$$\delta = r_i \frac{p}{\sigma_{z\,zul}} \text{ [cm]}$$

berechnen.

Für Grauguß ist $\sigma_{z\,zul} = 300$ kp/cm².

Für Stahlguß ist $\sigma_{z\,zul} = 1000 \div 1900$ kp/cm².

2. Zylindrisches Gefäß mit dem äußeren Überdruck p kp/cm².

Wenn eine Einknickungsgefahr nicht vorliegt, so ist

$$r_a = r_i \sqrt{\frac{\sigma_{d\,zul}}{\sigma_{d\,zul} - 1{,}7\,p}} \text{ [cm].}$$

Für kleines δ ist angenähert

$$\delta = r_a \frac{p}{\sigma_{d\,zul}} \text{ [cm].}$$

(Über Berechnung von Dampfkesselwandungen siehe „Dampfkessel".)

3. Kugelförmiges Gefäß mit dem inneren Überdruck p kp/cm².

Die größte Zugspannung herrscht an der Innenfläche. Es ist

$$r_a = r_i \sqrt[3]{\frac{\sigma_{z\,zul} + 0\,4\,p}{\sigma_{z\,zul} - 0{,}65\,p}} \text{ [cm].}$$

Wenn δ im Vergleich zu r_a klein ist, so gilt angenähert

$$\delta = \tfrac{1}{2}\, r_i \frac{p}{\sigma_{z\,zul}} \text{ [cm].}$$

4. Kugelförmiges Gefäß mit dem äußeren Überdruck p kp/cm².

Wenn eine Einknickungsgefahr nicht vorliegt, so ist

$$r_a = r_i \sqrt[3]{\frac{\sigma_{d\,zul}}{\sigma_{d\,zul} - 1{,}05\,p}} \text{ [cm].}$$

Für kleines δ ist angenähert

$$\delta = \tfrac{1}{2}\, r_a \frac{p}{\sigma_{d\,zul}} \text{ [cm]}.$$

2.16 Belastungsannahmen und Eigengewichte für Hochbau

1. Eigengewichte der Bau-, Füll- und Lagerstoffe nach DIN 1055.

Tafel 44

Stoff	kp/m³
a) Füllstoffe in geschüttetem Zustand	
Erde, Sand, Lehm; naß	2100
Erde, Sand, Lehm; trocken	1600
Kies; naß	2000
Kies; trocken	1700
Koksasche	700
Kesselschlacke	1000
Hochofenschlacke je nach Korngröße	1000÷1400
Bimssteinsand	700
b) Werkstücke und Mauerwerk aus natürlichen Steinen.	
Granit, Syenit, Porphyr.	2600
Basalt	3000
Basaltlava je nach Dichtigkeit	1800÷2800
Marmor	2700
Kalksteine je nach Dichtigkeit	2200÷2600
Sandsteine je nach Art	2400÷2700
Tuffstein	2000
Bimsstein	1200
c) Mauerwerk aus künstlichen Steinen.	
Klinker	1900
Ziegel	1800
Lochziegel	1300
Schwemmsteine	1000
Korksteine	600
Kalksandsteine	1800
Kunstsandsteine	2100
d) Mörtel	
Zementmörtel	2100
Kalkzementmörtel	1900
Kalkmörtel	1700
Traßmörtel	2000
Gips; gegossen	1000
e) Beton	
Kies, Granitschotter	2200
Ziegelschotter	1800
Kohlenschlacke und Sand	1600
Bimskies und Sand	1600
Hochofenschlacke	2200
f) Bauhölzer	
Kiefer (Föhre)	600
Fichte (Rottanne)	550
Tanne (Weißtanne)	550
Lärche	600
Pitchpine (Pechkiefer)	800
Eiche	800
Buche	700
Australische Harthölzer	1000
g) Metalle usw.	
Grauguß	7200
Schweißstahl	7800
Flußstahl	7850
Gußstahl	7860
Blei	11400
Kupfer	8900
Bronze	8500
Zink; gewalzt	7200
Zinn	7400
Messing	8500
Fensterglas	2500

noch Tafel 44

Stoff	kp/m³	Stoff	kp/m³
h) Lagerstoffe		Stroh	45
Braunkohle	750	Weizen	760
Holz in Scheiten	400		
Steinkohle	900	k) Verschiedene Lagerstoffe	
Gaskoks	450		
Preßkohlen	1000	Aktengerüste und Schränke	600
i) Feld- und Gartenfrüchte		Asche	900
		Wolle	450÷1300
Gerste	690	Hausmüll	660
Gras und Klee	350	Kaffee	700
Hafer	550	Mehl	500
Heu je nach Pressung	70÷280	Papier	1100
Kartoffeln	750	Salz	1250
Malz	530	Torfstreu	230
Obst	350	Wolle	1300
Roggen	680	Zement je nach Rüttelung	1400÷2000
Rüben	650	Zucker	750

2. Nutzlasten der Zwischendecken.

Tafel 45

Nutzlast	kp/m²
Für Wohn- und kleine Dienstgebäude	200÷250
Für größere Geschäftshäuser, Versammlungsräume, Theater, Fabriken, Büchereien	500
Für Decken unter Durchfahrten oder Höfen	800
Für Dachbodenräume	125
Für Treppen je nach Bauart	350÷500
Für Menschengedränge	400

3. Eigengewichte von Dächern für 1 m² geneigte Fläche.

(Sparrenentfernung 1 m; Sparrenstärke 12 · 16 cm; Lattenstärke 4 · 6 cm.)

Tafel 46

Dachart	kp/m²
Einfaches Biberschwanzdach	75
Biberschwanzdoppeldach	95
Kronendach	105
Pfannendach	80
Deutsches Schieferdach aus 2 cm Schalung	65

noch Tafel 46

Dachart	kp/m²
Falzziegeldach	65
Zinkdach auf 2,5 cm Schalung	40
Teerpappdach auf 2,5 cm Schalung	40
Wellblechdach auf Winkeleisen 2 m freitragend bei 2 m Abstand L-Pfetten	25
Holzzementdach mit 3,5 cm Schalung und 14 · 18 cm starken Sparren	180
Glasdach mit 4 mm Glas auf Sprosseneisen mit 0,45 m Abstand	20
desgl. 5 mm Glas mit 0,55 m Sprossenabstand	25
desgl. 6 mm Glas mit 0,55 m Sprossenabstand	30

4. Belastung der Dächer durch Schnee und Wind. Schneelast 75 kp/m² Dachgrundfläche. Bei 40° Dachneigung beträgt die Schneelast 55 kp/m²; bei über 45° Dachneigung kann sie vernachlässigt werden.

Winddruck:

Wandteile bis 15 m Höhe	100 kp/m²
Wandteile mit 15 ÷ 25 m Höhe	125 „
Dächer bis 25 m Höhe	125 „
Wandteile und Dächer über 25 m Höhe	150 „
Masten und Holzgerüste	150 „
Freistehende Gebäude	bis 250 „

5. Gesamtbelastung der Dächer (Eigengewicht, Schnee und Wind) für 1 m² Grundfläche.

Tafel 47

Dachart	Neigung	kp/m²
Glasdach	10 ÷ 25°	125 ÷ 150
Schieferdach	25 ÷ 45°	150 ÷ 250
Ziegeldach	30 ÷ 45°	250 ÷ 300
Holzzementdach	—	275
Mansardendach (mit Schiefer oder Ziegel)	45 ÷ 70°	300 ÷ 700

6. Zulässige Belastungen von Mauerfundamenten

Tafel 48

Bodenart	Zulässige Belastung kp/cm²
Fels, Urgestein	20÷100
Weiches Gestein (Tuff, Sandstein, Kalk, Kreide) .	7÷20
Fest g[illegible]er Kies mit wenig bindigen Bestandt[illegible]	5÷7
Scharfer Sand, fest gelagert	3÷5
Mittelfeiner Sand	2÷3
Schwimmsand	0÷2
Mergel	3÷4
Sandiger Lehm und fester Ton	2÷3
Lehm und Ton, feucht	0,5÷1,0
Aufgeschütteter Boden	0,5÷1,0
Mutterboden	0,5
Moor, Schlamm	0

7. Gewölbte Brücken.

Eigengewicht für

Straßenbrücken mit Beschotterung $g = 0{,}6$ Mp/m²,

Straßenbrücken mit Pflasterung $g = 1{,}0$ Mp/m²,

Eisenbahnbrücken $g = 1{,}1$ Mp/m².

Verkehrslasten für Straßenbrücken unter Annahme einer über die Brücke gleichmäßig verteilten Belastung:

schwere Wagen $p = (0{,}28 + 8{,}4 : l)$ Mp/m²,

leichte Wagen $p = (0{,}37 + 1{,}7 : l)$ Mp/m²,

$l =$ Stützweite in m.

8. Stahl-Brücken.

Es bedeute l die Stützweite in m.

Tafel 49

Bauart der Brücke	Eigengewicht g kp/m²
a) Straßenbrücken mit Balkenträgern:	
Landstraßenbrücken mit doppeltem Bohlenbelag:	
Fahrbahn Eisengewicht	$105 + 2{,}3\,l + 0{,}02\,l$

noch Tafel 49

Bauart der Brücke	Eigengewicht g kp/m²
Bohlenbelag (160 mm stark)	110
Fußwege	$60 + 2{,}3\,l$
Landstraßenbrücken mit Beschotterung:	
Eisengewicht (ausschl. Belageisen)	$125 + 2{,}8\,l + 0{,}025\,l^2$
Belageisen	65
Schotter	400
Fußwege	$60 + 2{,}3\,l$
Stadtstraßenbrücken mit doppeltem Bohlenbelag:	
Eisengewicht	$155 + 2{,}7\,l + 0{,}021\,l^2$
Bohlenbelag (200 mm stark)	140
Fußwege	$80 + 2{,}7\,l$
Stadtstraßenbrücken mit Beschotterung:	
Eisengewicht (ausschl. Belageisen)	$170 + 3{,}2\,l + 0{,}028\,l^2$
Belageisen	80
Schotter	480
Fußwege	$80 + 2{,}7\,l$
Stadtstraßenbrücken mit Pflasterung:	
Eisengewicht (ausschl. Belageisen)	$180 + 3{,}7\,l + 0{,}029\,l^2$
Belageisen	80
Pflasterung	700
Fußwege	$80 + 2{,}7\,l$
b) Straßenbrücken mit Bogenträgern (für Fußwege außerhalb Hauptträger ist das Gewicht besonders mitzurechnen):	
Landstraßenbrücken mit doppeltem Bohlenbelag:	
Fahrbahngerippe	63
Fahrbahn	170
Gesamtgewicht	$250 + 1{,}9\,l + 0{,}017\,l^2$
Landstraßenbrücken mit Beschotterung:	
Fahrbahngerippe	70
Fahrbahn	510
Gesamtgewicht	$610 + 2{,}1\,l + 0{,}022\,l^2$
Stadtstraßenbrücken mit Holzpflaster:	
Fahrbahngerippe	100
Fahrbahn	420
Gesamtgewicht	$532 + 5{,}4\,l + 0{,}01\,l^2$

noch Tafel 49

Bauart der Brücke	Eigengewicht g kp/m²
Stadtstraßenbrücken mit Beschotterung:	
Fahrbahngerippe	85
Fahrbahn	540
Gesamtgewicht	$655 + 2{,}1\,l + 0{,}022\,l^2$
Stadtstraßenbrücken mit Steinpflaster:	
Fahrbahngerippe	100
Fahrbahn	600
Gesamtgewicht	$712 + 6{,}0\,l + 0{,}01\,l^2$

Tafel 50

c) Eisenbahnbrücken, eingleisig, gerade, unt. Zugrundelegung des 17 Mp-Zuges. (Für zweigleisige Brücken sind die Werte zu verdoppeln.)	Hauptträgerabstand m	Gewicht: Hauptträger mit Quer- und Windverband und Lagern kp/m	Gewicht: Fahrbahngerippe kp/m	Gewicht: Fahrbahntafel kp/m	Gesamtgewicht kp/m
Blechträger mit unmittelbarer Schwellenauflagerung ohne besondere Fußwege	1,8	$240 + 54\,l$	—	640	$880 + 54\,l$
	2,0		—	775	$1015 + 54\,l$
Blechträger mit versenkter Fahrbahn und ausgekragtem Fußweg	3,0	$270 + 44\,l$	380	595	$1245 + 44\,l$
	3,3		430	630	$1330 + 44\,l$
	3,7		520	660	$1450 + 44\,l$
Fachwerkträger mit untenliegender Fahrbahn (l = 20 bis 40 m)	4,8	$540 + 27\,l$	600	680	$1820 + 27\,l$
	4,9		625	680	$1845 + 27\,l$
	5,0		670	680	$1890 + 27\,l$
Desgl. (l = 40 bis 80 m)	4,8	$680 + 27\,l$	600	680	$1960 + 27\,l$
	4,9		625	680	$1985 + 27\,l$
	5,0		670	680	$2030 + 27\,l$
Fachwerkträger mit obenliegender Fahrbahn und ausgekragten Fußwegen	2,5	$540 + 27\,l$	490	550	$1580 + 27\,l$
	3,5		580	550	$1670 + 27\,l$
Blechträger mit Schotterbett auf Buckelblechen ohne Koffer	3,3	$270 + 49\,l$	670	2840	$3780 + 49\,l$
	3,7		840	3260	$4370 + 49\,l$
Desgl. mit Koffer	3,3	$270 + 49\,l$	770	2680	$3720 + 49\,l$
	3,7		940	2820	$4030 + 49\,l$
Blechträger mit Kiesbett über den Hauptträgern und l/12 Stehblechhöhe		Gewichte für 1 m Brückenbreite			
		$160 + 24\,l$		920	$1080 + 24$

2.17 Wichte fester, flüssiger und gasförmiger Körper

Die Wichte oder das spez. Gewicht eines Körpers ist das Gewicht des Körpers bezogen auf seinen Rauminhalt (z. B. kp/dm³). Es ist also die Zahl, welche angibt, um wie viel schwerer der feste bzw. flüssige Körper ist als das gleiche Volumen Wasser bei 4° C. Die Wichte von gas- oder dampfförmigen Körpern wird auf den Normalkubikmeter (Nm^3) bezogen, d. h. den m^3 bei 0° C und 760 mm Q.S.

Bei porösen Körpern oder Schüttgütern ist die Wichte das Gewicht unter Ausschluß der Hohlräume im Gegensatz zum Schüttgewicht, das die Hohlräume mit berücksichtigt.

Tafel 51: Wichte verschiedener fester Körper

Feste Körper	Wichte kp/dm³	Feste Körper	Wichte kp/dm³
Aluminium	2,7	Harz	1,07
Aluminiumbronze	7,7	Holz (lufttrocken):	
Anthrazit	1,5 ÷ 1,7	Ahorn	0,53 ÷ 0,81
Antimon	6,7	Ceder	0,57
Aragonit	3,0	Eiche	0,69 ÷ 1,03
Asbest	2,1 ÷ 2,8	Fichte	0,35 ÷ 0,74
Asphalt	1,05 ÷ 1,38	Linde	0,32 ÷ 0,59
Basalt	2,7 ÷ 3,2	Pappel	0,39 ÷ 0,59
Baumwolle	1,47 ÷ 1,50	Pitchpine	0,49 ÷ 0,9
Bernstein	1,0 ÷ 1,1	Rotbuche	0,66 ÷ 0,97
Beton	1,80 ÷ 2,45	Kalk (gebrannt)	0,9 ÷ 1,3
Bimsstein	0,37 ÷ 0,90	Kalkmörtel(mittel)	1,7
Blei	11,25 ÷ 11,37	Kalkstein	2,46 ÷ 2,84
Braunkohle	1,2 ÷ 1,5	Kautschuk	0,92 ÷ 0,96
Bronze	8,8	Kochsalz	2,15 ÷ 2,17
Butter	0,94 ÷ 0,95	Koks	1,6 ÷ 1,9
Chamottestein	1,85	Kork	0,24
Diamant	3,5 ÷ 3,6	Kreide	1,8 ÷ 2,6
Dolomit	2,9	Kupfer	8,90 ÷ 8,95
Eis	0,88 ÷ 0,92	Linoleum	1,15 ÷ 1,30
Eisen	7,87	Magneteisenstein	4,9 ÷ 5,2
Elfenbein	1,83 ÷ 1,92	Manganerz (rot)	3,46
Fette	0,92 ÷ 0,94	Messing	8,4 ÷ 8,7
Gips (gegossen)	0,97	Natrium	0,978
Glas (Fenster)	2,4 ÷ 2,6	Neusilber	8,3 ÷ 8,7
Glimmer	2,65 ÷ 3,20	Nickel	8,8
Gold	19,33	Papier	0,7 ÷ 1,15
Granit	2,51 ÷ 3,05	Paraffin	0,87 ÷ 0,91
Graphit	1,9 ÷ 2,3	Pech	1,25 ÷ 1,33
Grauguß	7,25	Phosphor (gelb)	1,82

noch Tafel 51

Feste Körper	Wichte kp/dm³	Feste Körper	Wichte kp/dm³
Phosphorbronze .	8,8	Silber	10,42÷10,53
Platin	21,15÷21,5	Steinkohle	1,2÷1,5
Porphyr	2,6÷2,9	Syenit	2,6÷2,8
Porzellan	2,4÷2,5	Ton.............	1,8÷2,6
Preßkohle(Brikett)	1,25	Traß	0,95
Quarz	2,1÷2,5	Wachs	0,95÷0,98
Roheisen (grau) ..	6,7÷7,6	Weißmetall	7,5÷10
Salpeter	2,11	Wolfram	19,1
Sandstein	2,5÷2,7	Ziegel	2,6÷2,7
Schiefer	2,65÷2,70	Zink	6,86
Schwefel	1,93	Zinn	7,2

Tafel 52: Wichte von flüssigen und gasförmigen Körpern

Flüssige Körper	Wichte kp/dm³	Temp. t^0	Gasförmige Körper	Wichte kp/Nm³
Äther............	0,74	0	Äther...........	2,55
Alkohol..........	0,79	15	Alkohol.........	1,59
Benzin...........	0,68÷0,7	15	Ammoniak......	0,597
Benzol...........	0,90	0	Chlor..........	2,491
Bier.............	1,02÷1,04	—	Kohlenoxyd.....	0,967
Chloroform.......	1,48	18	Kohlensäure.....	1,529
Glyzerin.........	1,26	0	Leuchtgas.......	0,34÷0,45
Kalilauge (63%)..	1,70	15	Luft............	1,00
Karbolsäure......	0,96	15	Quecksilber	6,98
Milch............	1,03	15	Salzsäure	1,25
Natronlauge (66%)	1,70	15	Sauerstoff.......	1,105
Petroleum........	0,80	15	Schwefel........	6,617
Quecksilber	13,5951	0	Schwefelkohlen-	
Rizinusöl	0,97	15	stoff..........	2,644
Salpeters. (91%) .	1,5	15	Schwefelwasser-	
Salzsäure (40%)..	1,2	15	stoff..........	1,19
Schwefels.(rauch.).	1,89	15	Schweflige Säure	2,250
Schweflige Säure .	1,435	0	Stickstoff.......	0,967
Seewasser........	1,02	15	Wasserdampf....	0,631
Teer.............	1,2	—	Wasserstoff......	0,069
Terpentin........	0,87	16		
Wasser	1,00	4		

Tafel 53: Schüttgewichte verschiedener Körper

Stoff	kp/m³
Braunkohle (lufttrocken)	700—800
Buchenholz (in Scheiten)	400
Eichenholz (in Scheiten)	420
Fichtenholz (in Scheiten)	320
Formsand	1200
Holzkohlen	200÷400
Kalk- und Bruchsteine	2000
Kohlen	770÷860
Koks	360÷530
Sand, Lehm, Erde (trocken)	1600
Kies	1800
Torf (lufttrocken)	300—900
Traß (gemahlen)	950
Ziegelsteine	1375÷1500

2.18 Reibung

1. Reibung der Ruhe oder Haftreibung.

Wenn sich ein Körper unter dem Einfluß einer Kraft gegen einen anderen Körper stützt, so kann das System auch dann noch im Gleichgewicht sein, wenn die Kraftrichtung mit der Normalen im Berührungspunkt einen Winkel einschließt. Dieser darf höchstens gleich einem bestimmten Winkel α_0, dem Reibungswinkel der Ruhe sein. Die Größe von α_0 hängt von der Beschaffenheit der sich berührenden Flächen ab.

Es sei die normale Stützkraft $= P$, dann ist die Reibungsstützung

$$R_0 < P_n \, tg \, \alpha_0$$

oder

$$R_0 < \mu_0 \, P_n,$$

$\mu_0 = tg \, \alpha_0$ heißt Reibungskoeffizient der Ruhe.

2. Reibung der gleitenden Bewegung.

Verschieben sich zwei Körper aufeinander, so ist ein

Reibungswiderstand R zu überwinden; dieser fällt in die Bewegungsrichtung, ist ihr aber entgegengesetzt gerichtet.

Allgemein ist die Reibung ein Bruchteil der Druckkomponente; ist diese gleich P_n, so ist

$$R = P_n \, tg\, \alpha$$

oder

$$R = \mu \cdot P_n,$$

$\mu = tg\alpha$ heißt Reibungskoeffizient der gleitenden Bewegung.

Es ist $\mu < \mu_0$.

Reibungskoeffizienten für etwa 1 kp/cm² Flächendruck:

(Die Zapfenreibungszahlen gelten für 2,5 ÷ 10 kp/cm² Flächendruck.)

Tafel 54: Reibungskoeffizienten

Reibende Körper	Gleitende Reibung μ		Reibung der Ruhe μ_0		Zapfenreibung μ_1 Übliche Schmierung
	trocken	wenig fett	trocken	wenig fett	
Bronze auf Bronze	0,20	—	—	—	0,10
Bronze auf Grauguß	0,21	—	—	—	0,09
Grauguß auf Grauguß oder Bronze	—	0,15	—	0,16	0,075
Stahl auf Grauguß oder Bronze	0,18	0,16	0,19	—	0,07
Stahl auf Stahl	0,1	0,01	0,15	—	—
Stahl auf Bronze	—	—	—	—	0,003÷0,03
Stahl auf Pockholz	—	—	—	—	0,11
Grauguß auf Pockholz	—	—	—	—	0,07
Grauguß auf Eiche	0,49	0,19	—	—	—
Messing auf Eiche	—	—	0,62	—	—
Eiche auf Eiche (‖ Faser)	0,48	—	0,62	—	—
Eiche auf Eiche (⊥ Faser)	0,34	—	0,54	—	—
Hanfseil auf rauhem Holz	—	—	0,50	—	—
Lederriemen auf Grauguß	0,28	—	0,56	—	—
Lederriemen auf Eiche	0,27	—	0,47	—	—
Mauerwerk auf Beton	—	—	0,76	—	—
Stein auf Eisen	—	—	0,45	—	—
Stein auf Holz	—	—	0,60	—	—
Stein auf Stein	0,60÷0,75	—	0,53÷0,73	—	—
Rindsleder als Kolbenliderung	0,56	0,23	—	—	—

Besondere Reibungskoeffizienten.

1. Schubkurbelgetriebe: $\mu = 0{,}05$ (Gesamtwiderstand).

2. Bremsen: Holz in Längsfasern und sauber bearbeitete Kränze.

Tafel 55: μ-Werte für Bremsen

	Buche	Eiche	Pappel	Ulme	Weide
Grauguß	0,29÷0,37	0,30÷0,34	0,35÷0,40	0,36÷0,37	0,46÷0,47
Flußstahl	0,54	0,51÷0,40	0,65÷0,60	0,60÷0,49	0,63÷0,60

3. Seilreibungskoeffizienten (der Ruhe) μ_0.

Lederriemen auf Holzscheibe	etwas fett	0,47
Lederriemen auf Grauguß	etwas fett	0,56
Hanfseil auf Grauguß		0,25
Hanfseil auf Holztrommel		0,40
Stahl-Bremsband auf Grauguß		0,18

4. Reibung der rollenden Bewegung (Rollwiderstand).

Rollende Reibung tritt auf, wenn ein Zylinder ohne zu gleiten auf einer Ebene unter einem Anpressungsdruck P_n abrollt. Zur rollenden Fortbewegung ist ein Moment nötig

$$M_t = P_n f \text{ [cm kp]},$$

der Hebelarm f in cm heißt der Reibungskoeffizient der rollenden Bewegung.

Es ist für Pockholz auf Pockholz $f \approx 0{,}047$ cm,
für Stahl auf Stahl 0,05 cm.

3. Abschnitt

Maschinenelemente

3.01 Spannungsverbindungen (Keile und Paßfedern)

Die Kraftverhältnisse einer Keilkette gestalten sich folgendermaßen: Wenn

P_1 die zum Hineintreiben des Keiles erforderliche Kraft in kp,

P_2 die zum Herausschieben erforderliche Kraft in kp,

P_n die durch P_1 bzw. P_2 auf den Keilflächen senkrecht wirkende erzeugte Kraft,

α der Neigungswinkel der Keilflächen,
ϱ der Reibungswinkel ($\operatorname{tg} \varrho = \mu$) ist,
so erfordert das Hineintreiben des Keiles die Kraft

$$P_1 = P_n \cdot \operatorname{tg}(\alpha + 2\varrho) \text{ [kp]}$$

während zum Herausschieben eine Kraft

$$P_2 = P_n \cdot \operatorname{tg}(\alpha - 2\varrho) \text{ [kp]}$$

erforderlich ist.

Für Selbsthemmung muß $\alpha < 2\varrho$ sein.

Die Befestigung von Maschinenteilen (z. B. von Zahnrädern) auf Wellen erfolgt durch Keile mit einem Anzug 1 : 100 oder durch Paßfedern (ohne Anzug). Zu unterscheiden sind Hohlkeile nach Abb. 64 (DIN 6881), Flachkeile nach Abb. 65 (DIN 6883), Keile nach Abb. 66 (DIN 6886) und Tangentkeile nach Abb. 67 (DIN 268). Sämtliche Keilarten werden auch mit Nasen ausgeführt (Nasenhohlkeile DIN 6869, Nasenflachkeile DIN 6884 und Nasenkeile DIN 6887). Paßfedern nach DIN 6885 entsprechen in ihren äußeren Abmessungen den Keilen, haben jedoch keinen Anzug. Scheibenfedern nach DIN 6888 werden wie Paßfedern angewendet.

Tafel 56: Keile und Paßfedern (Maße in mm)

Für Wellen-durchm. d			10	12	17	22	30	38	44	50	58	65	75
		bis	12	17	22	30	38	44	50	58	65	75	85
Breite b			4	5	6	8	10	12	14	16	18	20	22
Höhe h*)	Flachkeile ..					5	6	6	6	7	7	8	9
	Keile und Paßfedern ..		4	5	6	7	8	8	9	10	11	12	14
	Hohlkeile ..					3,5	4	4	4,5	5	5	6	7
Tiefe t_1	Keile		2,4	2,9	3,5	4,1	4,7	4,9	5,5	6,2	6,8	7,4	8,5
Tiefe t_2	Keile		1,3	1,8	2,1	2,4	2,8	2,6	2,9	3,2	3,5	3,9	4,8
Tiefe t_1	Paßfedern ...		2,4	2,9	3,5	4,1	4,7	4,9	5,5	6,2	6,8	7,4	8,5
Tiefe t_2	Paßfedern ...		1,7	2,2	2,6	3	3,4	3,2	3,6	3,9	4,3	4,7	5,6

*) bei Keilen größte Höhe.

Tafel 57: Tangentkeile

Wellendurchmesser	60	70	80	90	100	110	120	130	140	150
Tiefe t	7	7	8	8	9	9	10	10	11	11
Breite b	19,3	21	24	25,6	28,6	30,1	33,2	34,6	37,7	39,1

Tafel 58: Scheibenfedern nach Abb. 68 (DIN 6888)

Wellen-durch-messer d_1	über	6		8			10			12			17		
	bis	8		10			12			17			22		
Feder	Breite b	2		3			4			5			6		
	Höhe h	2,6	3,7	3,7	5	6,5	5	6,5	7,5	6,5	7,5	9	7,5	9	11
	d_2	7	10	10	13	16	13	16	19	16	19	22	19	22	28
Welle	$1 \sim$	6,76	9,66	9,66	12,65	15,72	12,65	15,72	18,57	15,72	18,57	21,63	18,57	21,63	27,35
	t_1	1,8	2,9	2,8	4,1	5,6	4,1	5,6	6,6	5,4	6,4	7,9	6,0	7,5	9,5
Nabe	Nabe t_2 . . .	1		1,4			1,7			2,2			2,6		

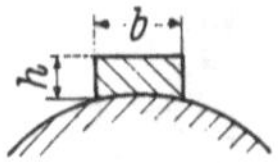
Abb. 64

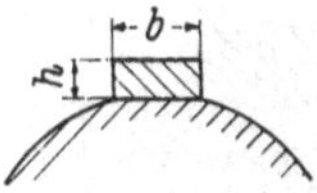
Abb. 65

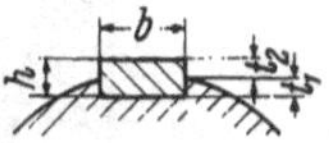
Abb. 66

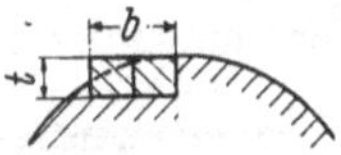
Abb. 67

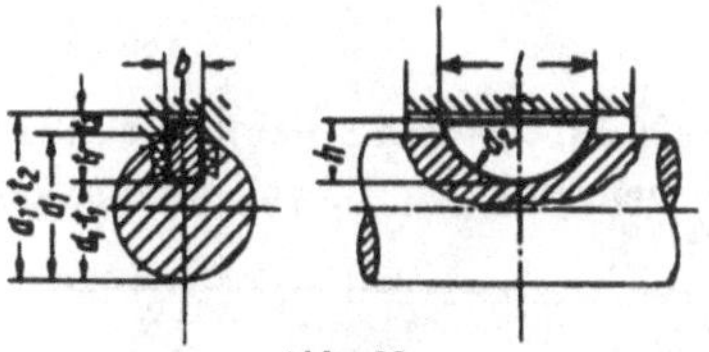
Abb. 68

3.02 Schrauben

Eine Schraube werde in axialer Richtung durch eine Kraft Q belastet.

Zum Heben bzw. Senken von Q ist ein Drehmoment M_t erforderlich, welches sich berechnet:

1. für flachgängiges (Rechteck-) Gewinde zu

$$M_t = Q\,r\,\mathrm{tg}\,(\alpha \pm \varrho) = Q \cdot r\,\frac{h \pm 2\pi r \mu}{2\pi r \mp \mu h}\ [\mathrm{cm\,kp}];$$

für Selbstsperrung muß $\alpha < \varrho$ sein;
es bedeutet h die Ganghöhe in cm,
r den mittleren Radius der Schraube in cm,
α den Steigungswinkel $\left(\mathrm{tg}\alpha = \dfrac{h}{2 r \pi}\right)$,
ϱ den Reibungswinkel ($\mu = \mathrm{tg}\,\varrho$);

2. für scharfgängiges (Dreieck-) Gewinde zu

$$M_t = Q\,r\,\frac{\mathrm{tg}\alpha + 1{,}12\,\mu}{1 - 1{,}12\,\mu\,\mathrm{tg}\alpha}\ [\mathrm{cm\,kp}].$$

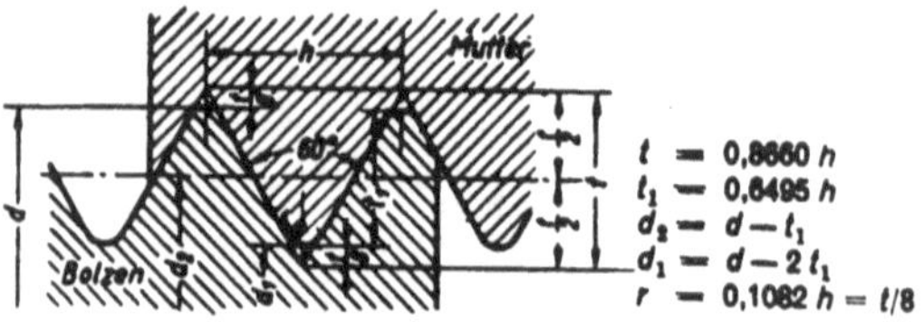

Abb. 69.

Tafel 59: Metrisches Gewinde nach DIN 13 (Auszug)

Bezeichnung, z. B. von 20 mm Gewinde-Nenndurchmesser: M 20.

Gewinde-Nenn-Ø d	Steigung h	Flanken-Ø d_2	Kern-Ø d_1	Gewindetiefe t_1	Rundung $r \approx$	Kernquerschnitt mm²
1	0,25	0,838	0,676	0,162	0,03	0,36
1,2	0,25	1,038	0,876	0,162	0,03	0,60
1,4	0,3	1,205	1,010	0,195	0,03	0,80
1,7	0,35	1,473	1,246	0,227	0,04	1,22
2	0,4	1,740	1,480	0,260	0,04	1,72
2,3	0,4	2,040	1,780	0,260	0,04	2,49
2,6	0,45	2,308	2,016	0,292	0,05	3,19
3	0,5	2,675	2,350	0,325	0,05	4,34
3,5	0,6	3,110	2,720	0,390	0,06	5,81
4	0,7	3,545	3,090	0,455	0,08	7,50
5	0,8	4,480	3,960	0,520	0,09	12,3
6	1	5,350	4,700	0,650	0,11	17,3
8	1,25	7,188	6,376	0,812	0,14	31,9
10	1,5	9,026	8,052	0,974	0,16	50,9
12	1,75	10,863	9,726	1,136	0,19	74,3
14	2	12,701	11,402	1,299	0,22	102
16	2	14,701	13,402	1,299	0,22	141
18	2,5	16,376	14,752	1,624	0,27	171
20	2,5	18,376	16,752	1,624	0,27	220
22	2,5	20,376	18,752	1,624	0,27	276
24	3	22,051	20,102	1,949	0,32	317
27	3	25,051	23,102	1,949	0,32	419
30	3,5	27,727	25,454	2,273	0,38	509
36	4	33,402	30,804	2,598	0,43	745
42	4,5	39,077	36,154	2,923	0,49	1027
48	5	44,752	41,504	3,248	0,54	1353
56	5,5	52,428	48,856	3,572	0,60	1875
60	5,5	56,428	52,856	3,572	0,60	2194
68	6	64,103	60,206	3,897	0,65	2847

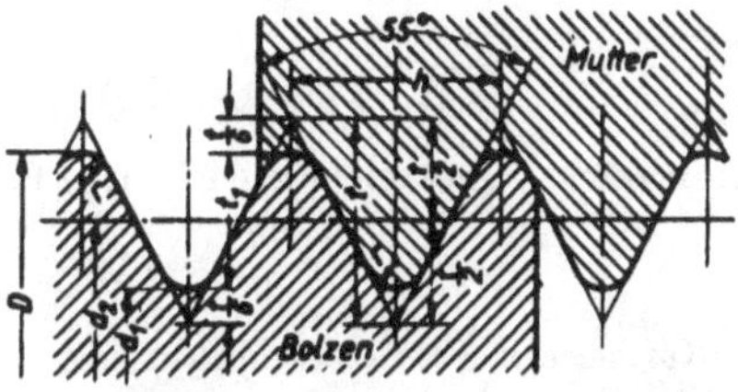

Whitworth-Gewinde,
$h = \frac{25,4}{z}$ $r = 0,13733\,h$ $t = 0,96049\,h$
$t_1 = 0,64033\,h$

Abb. 70.

Tafel 60: Witworth-Gewinde nach DIN 11

Bezeichnung: Gewinde-Nenndurchmesser, z. B. 1 1/2″

Nenn-Ø	Bolzen und Mutter							
	Gewinde-Ø	Kern-Ø	Kernquerschnitt	Gewindetiefe	Rundung	Flanken-Ø	Steigung	Gangzahl auf 1 Zoll
Zoll	D	d_1	cm²	t_1	r	d_2	h	z
1/4″	6,350	4,724	0,175	0,813	0,174	5,537	1,270	20
5/16″	7,938	6,131	0,295	0,904	0,194	7,034	1,411	18
3/8″	9,525	7,492	0,441	1,017	0,218	8,509	1,588	16
(7/16″)	11,113	8,789	0,607	1,162	0,249	9,951	1,814	14
1/2″	13,700	9,990	0,784	1,355	0,291	11,345	2,117	12
5/8″	15,876	12,918	1,311	1,479	0,317	14,397	2,309	11
3/4″	19,051	15,798	1,960	1,627	0,349	17,424	2,540	10
7/8″	22,226	18,611	2,720	1,807	0,388	20,419	2,822	9
1″	25,401	21,335	3,575	2,033	0,436	23,368	3,175	8
1 1/8″	28,576	23,929	4,497	2,324	0,498	26,253	3,629	7
1 1/4″	31,751	27,104	5,770	2,324	0,498	29,428	3,629	7
1 3/8″	34,926	29,505	6,837	2,711	0,581	32,215	4,233	6
1 1/2″	38,101	32,680	8,388	2,711	0,581	35,391	4,233	6
1 5/8″	41,277	34,771	9,495	3,253	0,698	38,024	5,080	5
1 3/4″	44,452	37,946	11,310	3,253	0,698	41,199	5,080	5
(1 7/8″)	47,627	40,398	12,818	3,614	0,775	44,012	5,645	4 1/2
2″	50,802	43,573	14,912	3,614	0,775	47,187	5,645	4 1/2
2 1/4″	57.152	49,020	18,873	4,066	0,872	53,086	6,350	4
2 1/2″	63,502	55,370	24,079	4,066	0,872	59,436	6,350	4
2 3/4″	69,853	60,558	28,804	4,647	0,997	65,205	7,257	3 1/2

Die Nenndurchmesser setzen sich wie folgt fort: 3″ 3 1/4″ 3 1/2″ 3 3/4″ usw. bis 6″.

Tafel 61: Trapezgewinde, eingängig nach DIN 103, 378 und 379 Metrisches Feingewinde.

Bezeichnung: Kurzzeichen *Tr*, Gewindedurchmesser *d* und Steigung *h*, z. B. *Tr* 50 × 8

Bolzen			Flanken-⌀	Steigung	Mutter	
Gewinde-⌀ d	Kern-⌀ d_1	Kernquerschn. cm^2	d_2	h	Gewinde-⌀ D	Kern-⌀ D_1
10	6,5	0,33	8,5	3	10,5	7,5
12	8,5	0,57	10,5	3	12,5	12,5
14	9,5	0,71	12	4	14,5	10,5
16	11,5	1,04	14	4	16,5	12,5
18	13,5	1,43	16	4	18,5	14,5
20	15,5	1,89	18	4	20,5	16,5
22	16,5	2,14	19,5	5	22,5	18
24	18,5	2,69	21,5	5	24,5	20
26	20,5	3,30	23,5	5	26,5	22
28	22,5	3,98	25,5	5	28,5	24
30	23,5	4,34	27	6	30,5	25
32	25,5	5,11	29	6	32,5	27
(34)	27,5	5,94	31	6	34,5	29
36	29,5	6,83	33	6	36,5	31
(38)	30,5	7,31	34,5	7	38,5	32
40	32,5	8,30	36,5	7	40,5	34
(42)	34,5	9,35	38,5	7	42,5	36
44	36,5	10,46	40,5	7	44,5	38
(46)	37,5	11,04	42	8	46,5	39
48	39,5	12,25	44	8	48,5	41
50	41,5	13,53	46	8	50,5	43
52	43,5	14,86	48	8	52,5	45
55	45,5	16,26	50,5	9	55,5	47
(58)	48,5	18,47	53,5	9	58,5	50
60	50,5	20,03	55,5	9	60,5	52
(62)	52,5	21,65	57,5	9	62,5	54
65	54,5	23,33	60	10	65,5	56
(68)	57,5	25,97	63	10	68,5	59
70	59,5	27,81	65	10	70,5	61
(72)	61,5	29,71	67	10	72,5	63

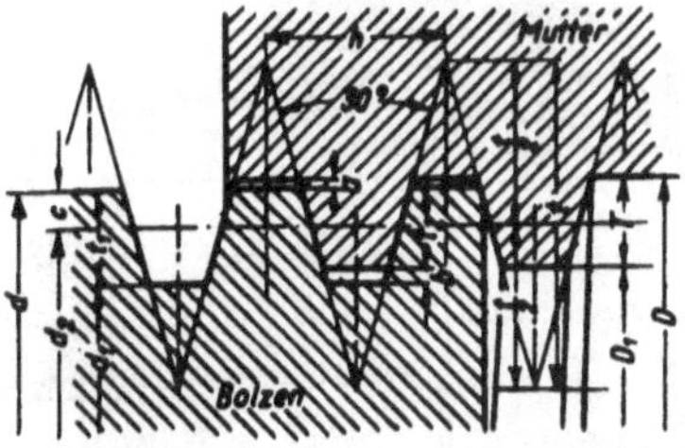

Trapezgewinde

$t = 1{,}866\ h$ $\qquad T = 0{,}5\ h + 2a - b$

$t_1 = 0{,}5\ h + a$ $\qquad c = 0{,}25\ h$

$t_2 = 0{,}5\ h + a - b$

Abb. 71

Metrisches Feingewinde. Bezeichnung der Metrischen Feingewinde durch den Buchstaben *M*, Gewinde-Nenndurchmesser und Steigung, z. B. von 30 mm Gewinde-Nenndurchmesser und 2 mm Steigung: $M\ 30 \times 2$.

Tafel 62: Metrisches Feingewinde

DIN	521		520	519	518	517	516	247	246	245	244
Steigung *h*	0,2	0,25	0,35	0,5	0,75	1,0	1,5	2	3	4	6
Gewindetiefe t_1	0,130	0,126	0,227	0,325	0,487	0,650	0,974	1,299	1,949	2,598	3,897
Gewinde-Nenn- ⌀ *d* von	1	1,8	2	3,5	5	6,6	11,5	17	28	40	72
bis	10	10	50	50	80	80	500	500	500	500	500

Kerndurchmesser $d_1 = d - 2\ t_1$.

Withworth-Rohrgewinde soll nur noch für Gewinderohre oder die mit ihnen in Verbindung stehenden Armaturen verwendet werden. Bezeichnung: Kurzzeichen *R* und Nenndurchmesser, z. B. $R\ {}^1/_2{}''$.

Tafel 63: Withworth-Rohrgewinde nach DIN 259 (Auszug)

Gewinde-Benennung	Handelsübliche Nennweite		Gewinde					zylind.	kegelig			Muffe	Nennweite der zugehörigen Armaturen und Formstücke nach DIN 2402
			Gewinde-∅	Steigung	Gangzahl auf 1 Zoll	Flanken-∅	Kern-∅	Nutzbare Gewindelänge[2])	Nutzbare Gewindelänge[2])	Abstand des Gewinde-∅ d vom Rohrende a		Mindestlänge	
	Zoll	mm[1])	d	h	z	d_2	d_1	l_1 ≦	l_2 ≦	≦	≧		
R 1/8"	1/8"	5 – 10	9,728	0,907	28	9,147	8,566	8	10	5,5	4	20	6
R 1/4"	1/4"	8 – 13	13,157	1,337	19	12,301	11,455	9	11	7	5	25	8
R 3/8"	3/8"	12 – 17	16,662	1,337	19	15,806	14,950	11	13	8	6	30	10
R 1/2"	1/2"	15 – 21	20,955	1,814	14	19,793	18,631	14	16	9	6	35	13
(R 5/8")	(5/8")	16 – 23	22,911	1,814	14	21,749	20,587	14	16	9	6	35	16
R 3/4"	3/4"	20 – 27	26,441	1,814	14	25,279	24,117	16	19	13	10	40	20
(R 7/8)"	(7/8")	24 – 31	30,201	1,814	14	29,039	27,877	16	19	13	10	40	—
R 1"	1"	26 – 34	33,249	2,309	11	31,770	30,291	19	22	14	10	45	25
R 1 1/4"	1 1/4"	33 – 42	41,910	2,309	11	40,431	38,952	21	25	17	13	50	32
R 1 1/2"	1 1/2"	40 – 49	47,803	2,309	11	46,324	44,845	21	25	17	13	55	40
(R1 3/4")	(1 3/4")	45 – 55	53,746	2,309	11	52,267	50,788	24	28	20	16	60	—
R 2"	2"	50 – 60	59,614	2,309	11	58,135	56,656	24	28	20	16	60	50

[1]) Die erste Zahl entspricht etwa dem inneren, die zweite Zahl dem äußeren Rohrdurchmesser

[2]) Innerhalb der nutzbaren Gewindelänge sind alle Gewindegänge im Grunde und an der Spitze voll ausgeschnitten

3.03 Nieten

Als Nietmaterial wird Stahl St 34.13 genommen.

In den folgenden Abbildungen und Tafel 64 bedeutet d den Nietdurchmesser cm,

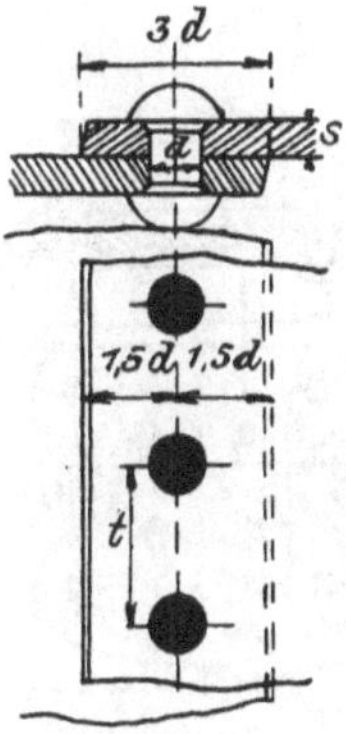

Abb. 72.

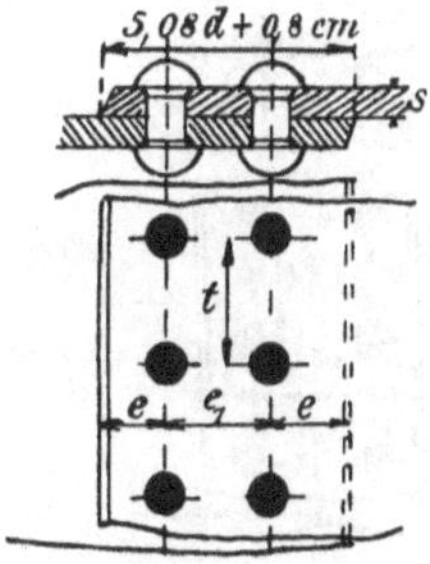

Abb. 73.

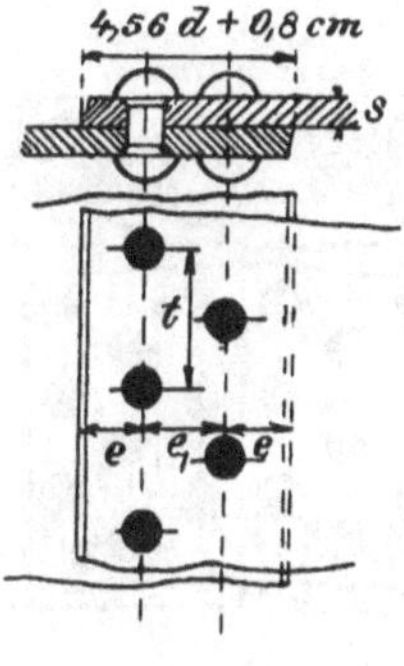

Abb. 74.

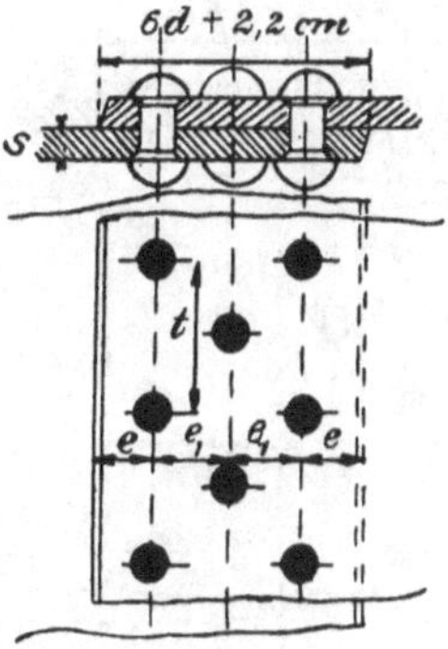

Abb. 75.

s die Blechstärke in cm,
s_1 die Laschenstärke in cm,
t die Teilung in cm, d. h. den Abstand der Nietmitten voneinander,
i mit Rücksicht auf das Verstemmen erwünschte Teilung,
k_n den durch 1 cm² Nietquerschnitt hervorgerufenen Gleitwiderstand in kp/cm².

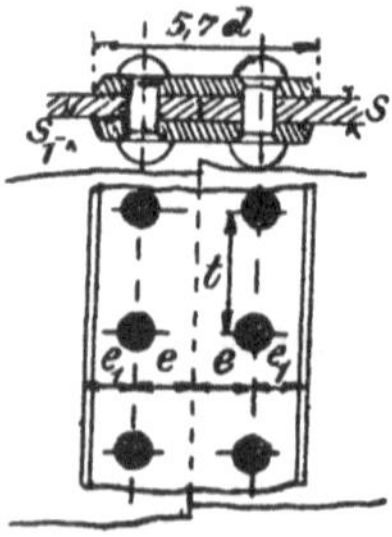

Abb. 76.

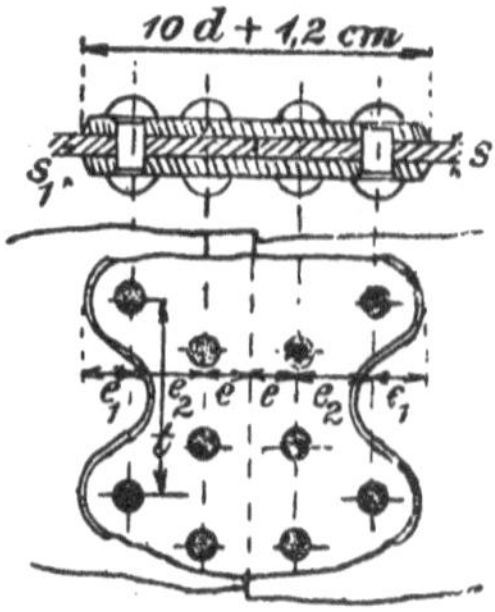

Abb. 77.

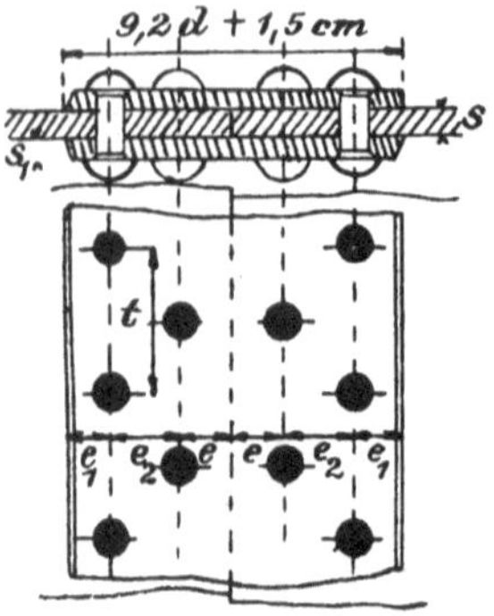

Abb. 78.

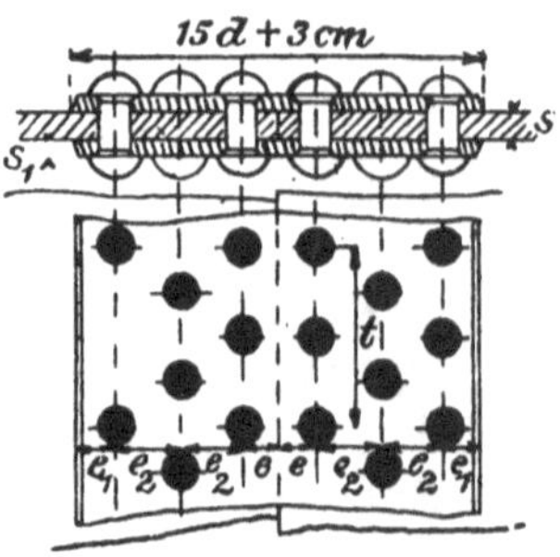

Abb. 79.

Tafel 64

Ab-mes-sungen	Abb. 76	Abb. 77	Abb. 78	Abb. 79	Abb. 80	Abb. 81	Abb. 82	Abb. 83
	Einschnittige Nietung				Zweischnittige Nietung			
	einreihig	zweireihig		dreireihig	einreihig	zweireihig		dreireihig
	Kettennietung		Zickzacknietung		Kettennietung		Zickzacknietung	
cm	cm	cm	cm	cm	cm	cm	cm	cm
d	$\sqrt{5s} - 0{,}4$	$\sqrt{5s} - 0{,}4$	$\sqrt{5s} - 0{,}4$	$\sqrt{5s} - 0{,}4$	$\sqrt{5s} - 0{,}5$	$\sqrt{5s} - 0{,}6$	$\sqrt{5s} - 0{,}6$	$\sqrt{5s} - 0{,}7$
t	$2d + 0{,}8$	$2{,}6\,d + 1{,}0$	$2{,}6d + 1{,}5$	$3\,d + 2{,}2$	$2{,}6d + 1{,}0$	$5\,d + 1{,}5$	$3{,}5d + 1{,}5$	$6\,d + 2{,}0$
e	$1{,}5\,d$	$1{,}5\,d$	$1{,}5\,d$	$1{,}5\,d$	$1{,}5\,d$	$1{,}5\,d$	$1{,}5\,d$	$1{,}5\,d$
e_1	—	$0{,}8\,t$	$0{,}6\,t$	$0{,}5\,t$	$0{,}6\,e$	$1{,}5\,d$	$0{,}9\,e$	$1{,}5\,d$
e_2	—	—	—	—	—	$0{,}4\,t$	$0{,}5\,t$	$\frac{3}{8}\,t$
s_1	—	—	—	—	$\frac{5}{8} \div \frac{2}{3}\,s$	$0{,}8\,s$	$\frac{5}{8} \div \frac{2}{3}\,s$	$0{,}8\,s$
k_n*	$600 \div 700$	$550 \div 650$	$550 \div 650$	$500 \div 600$	$1000 \div 1200$	$950 \div 1150$	$950 \div 1150$	$900 \div 1100$

* in kp/cm^2.

Tafel 65

Blech-stärke s	Abb. 72			Abb. 73 u. 74			Abb. 75			Abb. 76			Abb. 78			Abb. 77			Abb. 79		
	Einschnittige Nietung									Zweischnittige Nietung											
	einreihig			zweireihig			dreireihig			einreihig			zweireihig						dreireihig		
mm	d	t	$\frac{d^2\pi}{4}$	d	t	$\frac{d^2\pi}{4}$	d	t	$\frac{d^2\pi}{4}$	d	t	$\frac{d^2\pi}{4}$	d	t	$\frac{d^2\pi}{4}$	d	t	$\frac{d^2\pi}{4}$	d	t	$\frac{d^2\pi}{4}$
7	15	38	1,77	—	—	—				—	—	—									
8	16	40	2,01	16	57	2,01				15	49	1,77									
9	17	42	2,27	17	59	2,27				16	52	2,01									
10	18	44	2,54	18	62	2,54				17	54	2,27									
11	19	46	2,84	19	64	2,84				18	57	2,54									
12	20	48	3,14	20	67	3,14				19	59	2,84									
13	21	50	3,46	21	70	3,46				20	62	3,14	19	81	2,84						
14	22	52	3,80	22	72	3,80				21	65	3,46	20	85	3,14						
15	23	54	4,15	23	75	4,15				22	67	3,80	21	88	3,46						
16	24	56	4,52	24	77	4,52	24	94	4,52	23	70	4,15	22	92	3,80	22	125	3,8			
17	25	58	4,91	25	80	4,91	25	97	4,91	24	72	4,52	23	95	4,15	23	130	4,15			
18				26	83	5,31	26	100	5,31	25	75	4,91	24	99	4,52	24	135	4,52			
19				27	85	5,73	27	103	5,73	26	78	5,31	25	102	4,91	25	140	4,91			
20				28	88	6,16	28	106	6,16	27	80	5,73	26	106	5,31	26	145	5,31	25	170	4,91
21				28	88	6,16	28	106	6,16				27	109	5,73	—	—	—	25	170	4,91
22				29	90	6,61	29	109	6,61				27	109	5,73	27	150	5,73	26	176	5,31
23				30	93	7,07	30	112	7,07				28	113	6,16	—	—	—	27	182	5,73
24				31	96	7,55	30	112	7,07				29	116	6,61	29	160	6,61	28	188	6,16
25							31	115	7,55				—	—	—	—	—	—	—	—	—
26							32	118	8,04				30	120	7,07	30	165	7,07	29	194	6,61
27							33	121	8,55							—	—	—	—	—	—
28							33	121	8,55							31	170	7,55	30	200	7,07
29							34	124	9,08							—	—	—	—	—	—
30							35	127	9,62							33	180	8,55	32	212	8,04
31																			—	—	—
32																			—	—	—
33																			33	218	8,55
34																			34	224	9,08
35																			35	230	9,62

Die Werte für s, d und t in mm,
„ „ „ $\frac{d^2\pi}{4}$ in cm².

Man unterscheidet:

1. Einschnittige Nietung.
   a) Einreihige Kettennietung nach Abb. 72.
   b) Zweireihige Kettennietung nach Abb. 73.
   c) Zweireihige Zickzacknietung nach Abb. 74.
   d) Dreireihige Zickzacknietung nach Abb. 75.
2. Zweischnittige Nietung.
   a) Einreihige Kettennietung nach Abb. 76.
   b) Zweireihige Kettennietung nach Abb. 77.
   c) Zweireihige Zickzacknietung nach Abb. 78.
   d) Dreireihige Zickzacknietung nach Abb. 79.

3.04 Zahnräder

1. Allgemeines.

Im folgenden sei t die Teilung in cm, d. h. der Abstand der Zahnmitten zweier aufeinanderfolgender Zähne als Bogen auf dem Teilkreise mit dem Radius r in cm gemessen; dann ist bei z Zähnen

$$2\,r\,\pi = z\,t \text{ [cm]}.$$

Man nimmt die Teilung t als ein Vielfaches von π

$$t = m\,\pi,$$

also

$$2\,r = z\,m.$$

Hierin ist m der Modul in cm.

Die Teilung t setzt sich zusammen aus der Zahnstärke s und der Lückenweite w. Theoretisch müßte $s = w = 0{,}5\,t$ sein. Praktisch beträgt der Flankenspielraum bei bearbeiteten Zähnen $0{,}08 + 0{,}04\,m$.

Die Zahnkopfhöhe wird gleich m und die Fußhöhe gleich $m + 0{,}16\,m$ gemacht.

Tafel 66: Modulreihe nach DIN 780 in mm

Modul	0,3	0,4	0,5	0,6	0,7	0,8	0,9	1	1,25	1,5	1,75	2	2,25
Modul	2,5	2,75	3	3,25	3,5	3,75	4	4,5	5	5,5	6	6,5	
Modul	7	8	9	10									

Im Übersetzungsverhältnis

$$\varphi = r_1 : r_2 = z_1 : z_2 = n_2 : n_1 = \omega_2 : \omega_1$$

bedeuten

r_1 und r_2 die Teilkreisradien,
z_1 und z_2 die Zähnezahlen,
n_1 und n_2 die Drehzahlen pro Minute,
ω_1 und ω_2 die Winkelgeschwindigkeiten

des treibenden bzw. des getriebenen Rades.

2. Berechnung.

a) Ist Zahndruck P gegeben, so gilt die Formel

$$P = c\,b\,t = c \cdot \psi \cdot t^2 \text{ [kp]}.$$

Das Verhältnis $\frac{b}{t} = \psi$ nimmt man für Räder:

mit rohen Zähnen	$\psi \approx 2$
mit bearbeiteten Zähnen	$\psi \approx 3 \div 5$
in Getriebekästen	$\psi \approx 5 \div 10.$

Der Belastungswert c ergibt sich aus

$$c = \frac{\sigma_{bzul}}{14} \cdot \frac{10}{10 + v} \text{ bis } \frac{\sigma_{bzul}}{14} \cdot \frac{3}{3 + v} \text{ [kp/cm}^2\text{]}$$

wobei v = Teilkreisgeschwindigkeit [in m/s]

Für Überschlagsrechnungen kann für c gesetzt werden:

Grauguß auf Grauguß	$= 25 \div 30$ kp/cm²;
Stahlguß auf Stahlguß	$= 35 \div 65$ kp/cm²,
Stahl auf Bronze	$= 50$ kp/cm²,
Rohhaut auf Grauguß	$= 14 - 21$ kp/cm²,
Nickelstahl	$= 100 \div 125$ kp/cm²,
Chromnickelstahl	$= 150 \div 200$ kp/cm².

Zähnezahlen:

für Krafträder $\geqq 10$,
für Arbeitsräder $\geqq 24$.

b) Ist die Leistung N in PS $\left(\frac{\text{kW}}{0{,}736}\right)$ und die minutliche Drehzahl n in Uml/min gegeben, so berechnet sich das Drehmoment zu

$$M_t = 71\,620\,\frac{N}{n} = P\,r\ \text{[cmkp]}.$$

Da

$$P = c\,b\,t = c\psi\,t^2\ \text{[kp]}$$

und

$$r = \frac{zt}{2\pi}\ \text{[cm]}$$

ist, so ergibt sich die Teilung

$$t = \sqrt[3]{\frac{2\pi M_t}{c\psi z}}\ \text{[cm]}$$

oder

$$t = 10\sqrt[3]{\frac{450\,N}{c\,\psi\,z\,n}}\ \text{[cm]}.$$

3. Schnecken- und Schraubenräder.

An einem Schneckenrädergetriebe (Abb. 80) sei

P der Zahndruck in kp,
R der Teilkreisradius des Schneckenrades in cm,
r der mittlere Schneckenradius in cm,
h die Ganghöhe der Schnecke in cm,
μ der Reibungskoeffizient.

Dann berechnet sich das Drehmoment, welches zum Drehen der Schraube nötig ist, zu

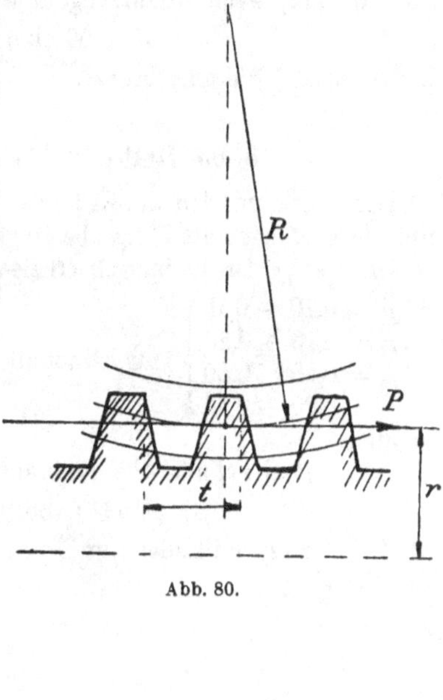

Abb. 80.

$$M_t = (1{,}02 \div 1{,}1) \cdot P \cdot r \cdot \frac{2\pi r \mu + h}{2\pi r - \mu h} \text{ [cmkp].}$$

Es ist

für eine eingängige Schnecke $h = t$,
für eine zweigängige Schnecke $h = 2\,t$, usw.,

für Stahl auf Grauguß $\mu = 0{,}1$,
für Stahl auf Phosphorbronze $\mu = 0{,}03$.

Aus der obigen Gleichung ist P bekannt; dieser Wert wird in die Gleichung $P = c\,b\,t$ eingesetzt. Man nimmt

$$\psi = \frac{b}{t} = 1{,}5 \div 2{,}5,$$

$$c = 18 \div 28 \text{ [kp/cm}^2\text{]}$$

für Grauguß, wenn Festigkeit in Betracht kommt,

$$c = 8 \div 20 \text{ [kp/cm}^2\text{]}$$

für Grauguß, wenn Abnutzung in Betracht kommt,

$$c = 32 \div 50 \text{ [kp/cm}^2\text{]}$$

für Stahl auf Phosphorbronze.

3.05 Reib- und Keilräder

Der Druck, mit dem die Räder zusammengedrückt werden, um die Umfangskraft P kp übertragen zu können, sei gleich Q kp. Ist μ der Reibungskoeffizient,

$$\left.\begin{array}{l} \mu = 0{,}10 \div 0{,}15 \\ \mu = 0{,}15 \div 0{,}20 \\ \mu = 0{,}20 \div 0{,}30 \\ \mu = 0{,}20 \div 0{,}50 \end{array}\right\} \text{ für Grauguß auf } \left\{\begin{array}{l} \text{Grauguß,} \\ \text{Papier,} \\ \text{Leder,} \\ \text{Holz,} \end{array}\right.$$

so gilt:

1. für zwei zylindrische Reibräder die Beziehung

$$P \leqq \mu Q \text{ (Abb. 81),}$$

2. für zwei Keilräder zur Übertragung größerer Kräfte die Beziehung

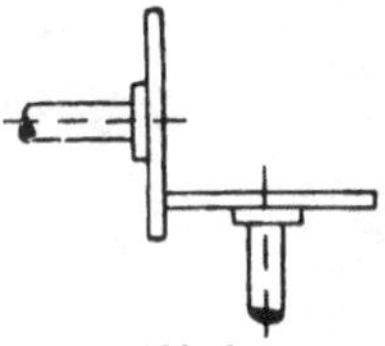

Abb. 81.

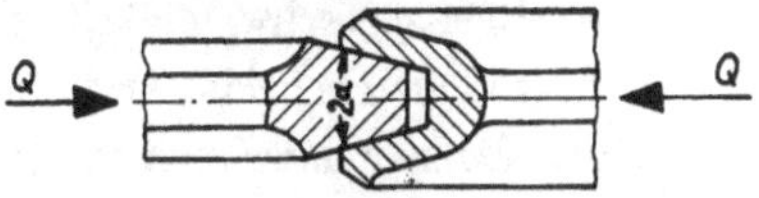

Abb. 82.

$$P \leqq Q \frac{\mu}{\sin\alpha + \mu\cos\alpha} \text{ (Abb. 82).}$$

Man nimmt $\alpha \approx 15^0$.

3.06 Riementrieb

Wenn ein Riemen um eine Trommel mit dem Beaufschlagungswinkel α geschlungen und S_1 die Kraft in kp im ziehenden Teil, S_2 die Kraft in kp im gezogenen Teil des Riemens ist, so ist die zu übertragende Umfangskraft

$P = S_1 - S_2$ [kp] (Abb. 83)

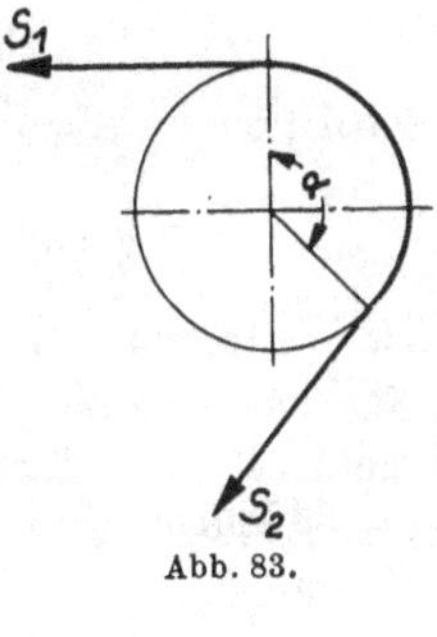

Abb. 83.

Zwischen S_1 und S_2 besteht Gleichgewicht, wenn

$$S_1 = S_2\, e^{\mu\alpha}$$

ist.

Die größte Umfangskraft, welche sich ohne Gleiten durch die Scheibe übertragen läßt, ist also

$$P = S_2\,(e^{\mu\alpha} - 1) \text{ [kp];}$$

hierin bedeutet

e die Basis der natürlichen Logarithmen,
μ den Reibungskoeffizient der Ruhe.

1. Trieb mit Flachriemen

N sei zu übertragende Leistung in PS oder in $\frac{\text{kW}}{0{,}736}$

v die Riemengeschwindigkeit in m/s,

P die zu übertragende Kraft in kp,

$f = b\,\delta$ der Riemenquerschnitt in cm²,

D der Scheibendurchmesser in m,

n die Drehzahl in der Minute,

μ der Reibungskoeffizient zwischen Riemen und Scheibe,

σ_{zul} die zulässige Zugspannung in kp/cm²

$g = 9{,}81$ m/s² die Beschleunigung beim freien Fall,

α der kleinere von beiden Beaufschlagungswinkeln in Bogenmaß,

q das Gewicht des Riemens für 1 m Länge und 1 cm² Querschnitt,

dann ist unter Berücksichtigung der Fliehkraft

$$P = \sigma_z f = \sigma_z b\,\delta \text{ [kp]}.$$

Hierin ist

$$\sigma_z = \left(\sigma_{\text{zul}} - q\,\frac{v^2}{g}\right)\frac{e^{\mu\alpha} - 1}{e^{\mu\alpha}} \text{ [kp/cm}^2\text{]}.$$

(Über Werte von μ s. S. 88.)

Für offene Riemen ist $\sigma_z \approx 10 \div 12{,}5$ kp/cm², für geschränkte Riemen dagegen niedriger zu wählen.
$\sigma_{\text{zul}} = 33$ kp/cm² für Leder.

Es ist

$$N = \frac{P\,v}{75} = \frac{\sigma_z b\,\delta\,D\,\pi\,n}{75\;\;60} \text{ [PS]}$$

$$\delta = 0{,}5 \div 0{,}9 \text{ cm},$$
$$b \leqq 20 \div 30 \text{ cm},$$
$$v = 3 \div 50 \text{ m/s}.$$

Tafel 67: Endlose Keilriemen nach DIN 2215

Winkel zwischen den beiden Keilflanken = 35 bis 39°

Größte Riemenbreite		5	6	8	10	13	17	20
Riemenhöhe		3	4	5	6	8	11	12,5
Innenlängen von		160	355	355	400	560	710	1000
bis		560	450	1120	2500	3150	6300	8000
Scheibendurchmesser d_m*)		22	32	45	63	90	125	180
Rillentiefe		5	6	8	10	12	16	18
Übertragbare Leistung in PS (Erfahrungswerte) bei einem Umschlingungswinkel von 180° und eingehaltenem Scheibendurchmesser d_m*) bei einer Riemengeschwindigkeit v m/s	2	0,024	0,05	0,10	0,19	0,37	0,7	1,0
	4	0,047	0,10	0,19	0,37	0,74	1,3	1,9
	6	0,068	0,15	0,28	0,55	1,1	1,9	2,8
	8	0,086	0,19	0,36	0,72	1,4	2,5	3,7
	10	0,10	0,22	0,43	0,87	1,7	3,1	4,5
	12	0,11	0,25	0,48	1,0	2,0	3,6	5,2
	14	0,11	0,26	0,52	1,1	2,2	4,0	5,8
	16	0,11	0,27	0,55	1,2	2,4	4,3	6,3
	18	0,10	0,26	0,56	1,2	2,6	4,6	6,7
	20	0,08	0,24	0,54	1,3	2,7	4,8	6,9
	22	0,05	0,21	0,49	1,2	2,7	4,8	7,0
	24	—	0,15	0,42	1,1	2,6	4,7	6,8
	26	—	0,08	0,30	1,0	2,5	4,5	6,5
	28	—	—	0,18	0,9	2,3	4,1	6,0

*) d_m in mm ist der für die Berechnung des Übersetzungsverhältnisses und der Umfangsgeschwindigkeit $v = \frac{n \cdot d_m}{19100}$ [m/s] geltende mittlere Durchmesser der kleinsten Scheibe.

2. Trieb mit Keilriemen (s. Tafel 67).

Keilriemen eignen sich insbesondere für Antriebe mit kleinen Achsabständen. Je nach den zu übertragenden Kräften sind ein- oder mehrrillige Scheiben zu verwenden.

3.07 Seile und Ketten

1. Hanfseile

Bruchlast in kp bezogen auf den tatsächlichen Litzenquerschnitt F_L in cm² ist:

$$P = F_L \cdot \sigma_B.$$

Für neue Seile ist $\sigma_B = 1200$ bis 1350 kp/cm²,
für alte Seile $\sigma_B = 500$ kp/cm².

Die Bruchlast auf umschriebenen Querschnitt des Seildurchmessers bezogen beträgt nur etwa $^2/_3$ der angegebenen Werte. Sicherheit gegen Bruch $\nu = 8$.

Tafel 68: Betriebslast von Hanfseilen bei $\sigma_B = 1200$ und $\nu = 8$

Seildurchmesser d in mm		13	20	29	39
Betriebslast in kp	von	125	300	650	1200
	bis	150	350	750	1350
Seilgewicht in kp/m		0,14	0,31	0,76	1,15

2. Drahtseile für Krane, Elektrozüge und Winden nach DIN 15020.

Die Zugspannung im Seil bestimmt bei gegebenem größtem Seilzug S [kp] den kleinsten zulässigen Seildurchmesser $d_{\min}$ [mm] nach der Formel

$$d_{\min} = k \cdot \sqrt{S} \text{ [mm]}.$$

k in mm/$\sqrt{\text{kp}}$ ist ein Beiwert, der mit Rücksicht auf ausreichende Lebensdauer des Seiles bestimmt ist. Diese hängt ab von der stündlichen Spielzahl, von der Zug- und Biegespannung im Seil sowie von der Pressung zwischen Seil und Trommel bzw. Rolle.

Tafel 69: *k*-Werte von Drahtseilen und Mindestwerte *D/d*

Gruppe	Spielzahl je *h*	*k*-Werte für Seile		Mindestwerte von *D/d* = Trommel- : Seildurchmesser					
				Trommel		Seilrolle		Ausgleichrolle	
		DIN 655/656	DIN 6895	DIN 655/656	DIN 6895	DIN 655/656	DIN 6895	DIN 655/656	DIN 6895
0	bis 6	0,28	0,30	15	17	16	18	14	16
1	6 – 18	0,3	0,32	18	20	20	22	14	16
2	18 – 30	0,32	0,35	20	22	22	24	15	17
3	30 – 60	0,35	0,38	22	24	24	26	16	18
4	über 60	0,38	0,41	24	26	26	28	16	18

Normale Drahtseile nach DIN 655 bestehen aus Litzen mit gleichem Flechtwinkel der Drähte in den einzelnen Drahtlagen. Neuerdings werden Seile in Seale, Warrington- und Fülldrahtmachart nach DIN 656 mit gleicher Schlaglänge (statt Flechtwinkel) bevorzugt, bei denen die Drähte in den einzelnen Lagen parallel liegen und sich daher nicht kreuzen. Drahtseile nach Din 6895 sind mehrlagige Litzenseile in drehungsfreier Machart.

Tafel 70: Drahtseile für Krane, Flaschenzüge nach DIN 655

Anzahl der Litzen	Anzahl der Drähte in 1 Litze	Anzahl aller Drähte	Seil-durch-messer mm	Draht-durch-messer mm	Quer-schnitt des Seiles mm²	Ge-wicht kp/m	Bruchbelastung des Seiles kp bei Zugfestigkeit des Einzeldrahtes kp/mm² 130	160	180
			6,5	0,4	14,3	0,135	1 860	2 300	2 550
			8	0,5	22,4	0,21	2 900	3 600	4 050
			9,5	0,6	32,2	0,30	4 200	5 150	5 800
A			11	0,7	43,9	0,41	5 700	7 000	7 900
			12,5	0,8	57,3	0,54	7 450	9 150	10 300
6	19	114	14	0,9	72,5	0,68	9 450	11 600	13 050
			16	1,0	89,5	0,85	11 650	14 300	16 100
			17	1,1	108,3	1,02	14 100	17 350	19 500
			19	1,2	128,9	1,22	16 750	20 600	23 200
			20	1,3	151,3	1,43	19 650	24 200	27 250
			22	1,4	175,5	1,66	22 800	28 050	31 600
			9	0,4	27,9	0,26	3 650	4 450	5 000
			10	0,45	35,3	0,34	4 600	5 650	6 350
			11	0,5	43,6	0,41	5 650	7 000	7 850
			12	0,55	52,7	0,50	6 850	8 450	9 500
			13	0,6	62,8	0,59	8 150	10 050	11 300
			14	0,65	73,7	0,70	9 600	11 800	13 250
			15	0,7	85,4	0,81	11 100	13 650	15 350
			16	0,75	98,1	0,93	12 750	15 700	17 650
B			18	0,8	111,6	1,06	14 500	17 850	20 100
			20	0,9	141,2	1,34	18 350	22 600	25 400
6	37	222	**22**	1,0	174,4	1,65	22 650	27 900	31 400
			24	1,1	211,0	2,00	27 450	33 750	38 000
			27	1,2	251,1	2,38	32 650	40 200	45 200
			29	1,3	294,7	2,80	38 300	47 150	53 050
			31	1,4	341,7	3,24	44 400	54 650	61 500
			33	1,5	392,3	3,72	51 000	62 750	70 600
			35	1,6	446,4	4,24	58 050	71 400	80 350
			37	1,7	503,9	4,78	65 500	80 600	90 700
			40	1,8	564,9	5,36	73 450	90 400	101 700
			42	1,9	629,4	5,97	81 800	100 700	113 300
			44	2,0	697,4	6,62	90 650	111 600	125 550
			16	0,6	83,7	0,84	10 900	13 400	15 050
			19	0,7	113,9	1,14	14 800	18 200	20 500
			20	0,75	130,8	1,31	17 000	20 950	23 550
			21	0,8	148,8	1,49	19 350	23 800	26 800
			23	0,85	168,0	1,68	21 850	26 900	30 250
			25	0,95	209,8	2,10	27 250	33 550	37 750
C			**27**	1,0	232,5	2,32	30 250	37 200	41 850
			30	1,1	281,3	2,81	36 550	45 000	50 650
8	37	296	**32**	1,2	334,8	3,35	43 500	53 550	60 250
			35	1,3	392,9	3,93	51 050	62 850	70 700
			37	1,4	455,7	4,56	59 200	72 900	82 000
			40	1,5	523,1	5,24	68 000	83 700	94 150
			43	1,6	595,1	5,95	77 350	95 200	107 100
			45	1,7	671,9	6,72	87 350	107 500	120 950
			48	1,8	752,2	7,52	97 800	120 350	135 400
			51	1,9	839,2	8,39	109 100	134 300	151 050
			54	2,0	929,9	9,30	120 900	148 800	167 400
			58	2,2	1125,1	11,25	146 250	180 000	202 500

Tafel 71: Drahtseile nach DIN 656 (Auszug)

Anzahl der Litzen	Anzahl der Drähte in 1 Litze	Anzahl aller Drähte	Seildurchmesser mm	Drahtdurchmesser mm Innenlage	Drahtdurchmesser mm Mittellage	Drahtdurchmesser mm Außenlage	Querschnitt des Seiles mm²	Gewicht kp/m	Bruchbelastung des Seiles kp bei Zugfestigkeit des Einzeldrahtes kp/mm² 130	160	180
A **6**	1 9 9 **19**	**114**	**8**	0,80	0,37	0,65	26,7	0,26	3450	4250	4800
			10	0,95	0,45	0,80	39,9	0,38	5150	6350	7150
			12	1,2	0,55	0,95	57,8	0,55	7500	9250	10400
			14	1,4	0,65	1,1	78,4	0,75	10150	12550	14100
			16	1,6	0,7	1,3	104,5	1,00	13550	16700	18800
			20	1,9	0,9	1,6	159,9	1,53	20750	25550	28750
			26	2,6	1,2	2,0	262,5	2,50	34100	42000	47250
			31	3,0	1,4	2,4	369,8	3,51	48050	59150	66550
B **8**	1 9 9 **19**	**152**	14	1,1	0,5	0,9	67,5	0,67	8750	10800	12150
			16	1,3	0,6	1,0	87,5	0,87	11350	14000	15750
			20	1,6	0,7	1,3	139,3	1,39	18100	22250	25050
			24	1,9	0,9	1,6	213,2	2,13	27700	34100	38350
			30	2,4	1,1	1,9	308,7	3,09	40100	49400	55550
C **6**	7 15 15 **37**	**222**	**25**	1,3	0,95	1,3	239,0	2,27	31050	38200	43000
			29	1,5	1,1	1,5	318,7	3,02	41400	51000	57350
			35	1,8	1,3	1,8	455,3	4,32	59150	72850	81950
			39	2,0	1,5	2,0	573,7	5,45	74550	91750	103250
D **6**	1 6 6+6 **19**	**114**	**8**	0,6	0,45	0,6	27,7	0,26	3600	4400	5000
			10	0,7	0,55	0,7	38,5	0,36	5000	6150	6900
			12	0,85	0,65	0,85	56,2	0,53	7300	8950	10100
			16	1,1	0,85	1,1	94,5	0,89	12250	15100	17000
			20	1,4	1,1	1,4	154,2	1,46	20050	24650	27750
			26	1,9	1,4	1,9	276,5	2,62	35950	44250	49750
			30	2,2	1,6	2,2	368,8	3,50	47950	59000	66350
E **8**	1 6 6+6 **19**	**152**	14	0,85	0,65	0,85	74,9	0,75	9700	11950	13450
			16	0,96	0,70	0,95	92,1	0,92	11950	14750	16550
			20	1,2	0,9	1,2	148,1	1,48	19250	23700	26650
			24	1,4	1,1	1,4	205,7	2,06	26700	32900	37000
			32	1,9	1,4	1,9	368,7	3,69	47900	59000	66350
F **6**	1 6 12 **19**	**114**	8	0,55	0,23	0,50	24,1	0,24	3100	3850	4300
			10	0,70	0,31	0,65	40,0	0,41	5200	6400	7200
			12	0,85	0,37	0,75	55,6	0,57	7200	8850	10000
			16	1,1	0,45	1,0	96,4	0,97	12500	15400	17350
			20	1,4	0,60	1,3	160,2	1,62	20800	25600	28800
			26	1,8	0,75	1,6	251,6	2,54	32700	40250	45250
			32	2,2	0,95	2,0	385,8	3,91	50150	61700	69400
G **8**	1 6 12 **19**	**152**	16	0,9	0,37	0,8	83,8	0,89	10850	13400	15050
			21	1,2	0,50	1,1	154,5	1,64	20050	24700	27800
			25	1,4	0,60	1,3	213,6	2,27	27750	34150	38400
			31	1,8	0,75	1,6	335,5	3,57	43600	53650	60350

Tafel 72: Nutzlasten für Seile und Ketten (Abb. 84–85)

Nenndicke	Höchstzulässige Tragkräfte				
	senkrecht hängend		Spreizwinkel 45°	90°	120°
			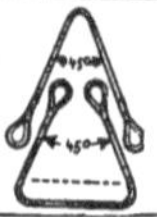		
mm	kp	kp	kp	kp	kp
Hanfseile					
12	130	260	240	180	130
16	200	400	360	280	200
18	250	500	450	350	250
20	300	600	540	420	300
23	400	800	720	560	400
26	500	1000	900	700	500
29	600	1200	1080	840	600
36	1000	2000	1800	1400	1000
39	1200	2400	2160	1680	1200
46	1600	3200	2880	2240	1600
52	2100	4200	3800	2900	2100
60	2400	4800	4320	3400	2400
70	2800	5600	5000	4000	2800
80	3300	6600	6000	4600	3300
90	4100	8200	7400	5800	4100
100	5100	10200	9200	7200	5100
Drahtseile					
6,5	230	460	420	320	230
8	360	720	660	500	360
9,5	520	1040	940	740	520
10	570	1140	1040	800	570
12,5	930	1860	1680	1300	930
13	1000	2000	1840	1420	1000
16	1350	2700	2500	1900	1350
19	1850	3700	3300	2600	1850
21	2400	4800	4400	3400	2400
22	2600	5200	4800	3700	2600
27	3800	7600	6800	5300	3800
32	5450	10900	9800	7600	5450
33	6000	12000	10800	8400	6000
40	8500	17000	15300	11900	8500
48	12200	24400	22000	17100	12200
54	15100	30200	27200	21200	15100

noch Tafel 72

Ketten

5	250	500	450	350	250
6	350	700	650	490	350
7	450	900	800	630	450
8	630	1260	1130	880	630
10	1000	2000	1800	1400	1000
13	1600	3200	2900	2250	1600
16	2500	5000	4500	3500	2500
18	3150	6300	5600	4400	3150
20	4000	8000	7200	5600	4000
23	5000	10000	9000	7000	5000
26	6300	12600	11300	8800	6300
28	7500	15000	13500	10500	7500
30	8500	17000	13500	12000	8500
33	10000	20000	18000	14000	10000
36	12500	25000	22500	17500	12500
39	14000	28000	25000	19600	14000
42	17000	34000	30500	23800	17000
45	19000	38000	34000	26500	19000
48	21000	42000	37800	29400	21000
51	25000	50000	45000	35000	25000
54	28000	56000	50000	39000	28000
57	30000	60000	54000	42000	30000
60	33500	67000	60009	47000	33500

3. Ketten

Tafel 73: Rundstahlketten für allgemeine Zwecke und Hebezeuge

(Ausführung A lehrenhaltig für verzahnte Rollen, Ausführung B nicht lehrenhaltig) nach DIN 766 (Auszug), vgl. Abb. 89.

Nenndicke *d*: Normalgüte, für allgemeine Zwecke	Nenndicke *d*: vergütet, für allgemeine Zwecke	Nenndicke *d*: vergütet, für Hebezeuge	Teilung *t*	Teilung: Zulässige Abweichung bei Ausführung *A*	*b* ≈	Normalgüte: Nutzlast kp	Normalgüte: Prüflast kp	Normalgüte: Mindestbruchlast kp	vergütet: Nutzlast normal kp	vergütet: Nutzlast nur für in Hebezeuge fest eingebaute Ketten kp	vergütet: Prüflast kp	vergütet: Mindestbruchlast kp	Gewicht (7,85 kp/dm³) kp/m ≈
5	5	—	18,5		17	250	500	1000	250	—	630	1260	0,500
6	6	—	18,5	± 0,5	20	350	700	1400	350	—	900	1800	0,750
7	7	7	22		23	450	900	1800	450	630	1260	2520	1,00
8	8	8	24	± 0,6	26	630	1260	2500	630	800	1600	3200	1,35
10	10	(10)	28		34	1000	2000	4000	1000	1250	2500	5000	2,25
13	13	(13)	36		44	1600	3200	6400	1600	2120	4240	8480	3,80
—	—	14	41	± 1,0	47	—	—	—	—	2500	5000	10000	4,40
16	16	(16)	45		54	2500	5000	10000	2500	3150	6300	12600	5,80
18	18	18	50		60	3150	6300	12600	3150	4000	8000	16000	7,30
20	20	20	56	± 1,5	67	4000	8000	16000	4000	5000	10000	20000	9,00
23	23	23	64		77	5000	10000	20000	5000	6700	13400	26800	12,0
28	28	—	78	± 2,0	94	7500	15000	30000	7500	—	20000	40000	17,5
33	33	—	92	± 2,5	112	10000	20000	40000	10000	—	26400	52800	24,5
39	39	—	109		132	14000	28000	56000	14000	—	36000	72000	34,0
45	45	—	126		152	19000	38000	76000	19000	—	44800	89600	45,5
51	51	—	143	nach Vereinbarung	172	25000	50000	100000	25000	—	56000	112000	58,5
57	57	—	160		192	30000	60000	120000	30000	—	67000	134000	73,0
60	60	—	168		202	33500	67000	134000	33500	—	71000	142000	81,0

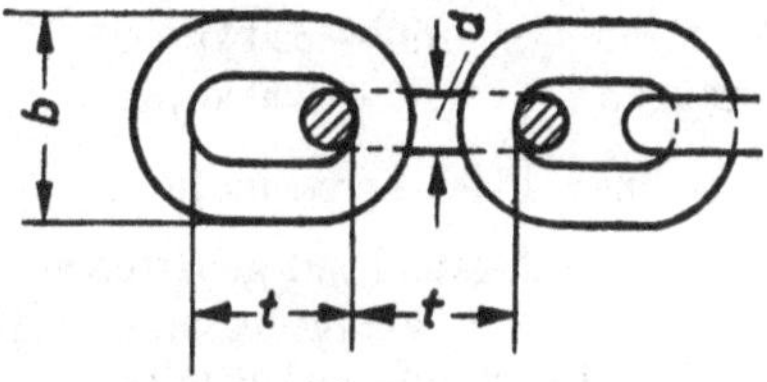

Abb. 89

3.08 Zapfen

1. Stirn- und Halszapfen.

Die Biegungsbeanspruchung σ_b, sowie die Flächenpressung p kp/cm² müssen innerhalb der zulässigen Grenzen bleiben.

Es sei

P der Zapfendruck in kp,
l die Länge in cm,
D der Durchmesser in cm,
d der innere Durchmesser beim Hohlzapfen in cm,
n die minutliche Umdrehungszahl,

dann berechnet sich der Zapfen mit Rücksicht auf Biegung und Flächenpressung nach den Gleichungen

$$P\,\frac{l}{2} = W\cdot\sigma_{b\,zul} = \frac{D^3}{10}\,\sigma_{b\,zul}\ \text{[cmkp] für volle Zapfen}$$

bzw.

$$P\,\frac{l}{2} = \frac{D^4 - d^4}{10\,D}\,\sigma_{b\,zul}\ \text{[cmkp] für hohle Zapfen}$$

und

$$\frac{l}{D} = \sqrt{0{,}2\,\frac{\sigma_{b\,zul}}{p}}\,.$$

Werte für $\sigma_{b\,zul}$:

für Flußstahl $400 \div 500$ kp/cm²,
für Schmiedeeisen $300 \div 400$ kp/cm².

für Stahlguß	$250 \div 350$ kp/cm²,
für Grauguß	$150 \div 250$ kp/cm².

Werte für p (spez. Flächenpressung):

für gehärteten Vergütungsstahl auf gehärtetem Vergütungsstahl	$\div 150$ kp/cm²,
für gehärteten Vergütungsstahl auf Bronze	$\div 90$ kp/cm²,
für ungehärteten Vergütungsstahl auf Bronze	$\div 60$ kp/cm²,
für Stahl auf Bronze	$\div 40$ kp/cm²,
für Grauguß auf Bronze	$\div 30$ kp/cm²,
für Stahl auf Grauguß	$\div 25$ kp/cm²,
für Stahl auf Pockholz	$\div 25$ kp/cm²,
für Kurbel- und Kreuzkopfzapfen	$p = 60 \div 70$ bzw. $75 \div 80$ kp/cm²,
für Schwungradwellenzapfen	$p = 15 \div 16$ kp/cm²,
für Kurbelzapfen bei Lokomotiven	$p = 100$ kp/cm²,
für Kreuzkopfzapfen bei Lokomotiven	$p = 150$ kp/cm²,
für Kurbelzapfen von Lochmaschinen und Scheren	$p = 200$ kp/cm².

Die Lagererwärmung ist abhängig von p und der Zapfengeschwindigkeit $v = \frac{D \cdot \pi \cdot n}{60}$ [m/s].

Zulässige Werte für $p \cdot v$

8 bis 20 für ungekühlte Gleitlager,
20 bis 60 für Kurbelzapfen ortsfester Maschinen,
70 bis 100 für Kurbelzapfen von Lokomotiven.

2. Spurzapfen.

Der Durchmesser des ebenen Spurzapfens ergibt sich nach der Gleichung

$$P = \frac{d^2 \pi}{4} p \approx 0{,}8\, d^2 p \text{ [kp]}.$$

Für den ringförmigen Spurzapfen wird

$$P = \frac{\pi}{4}(D^2 - d^2)\,p \approx 0{,}8\,(D^2 - d^2)\,p\,.$$

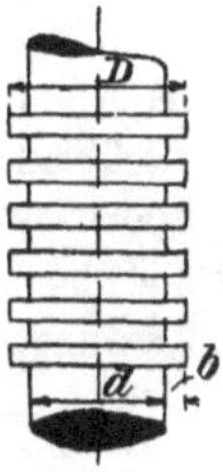

Abb. 90

Für Kammzapfen mit z tragenden Ringen und dem mittleren Durchmesser d_m ist bei einer Ringbreite von b cm (Abb. 90)

$$P = \pi\, d_m\, b\, z\, p$$
$$d_m = \tfrac{1}{2}(D + d),$$
$$b = \tfrac{1}{2}(D - d) \approx 0{,}1 \div 0{,}15\, d.$$

Die Werte für p sind hier mit $\approx \frac{1}{2} \div \frac{1}{3}$ der oben angegebenen Werte anzusetzen.

3.09 Wälzlager

Unter Wälzlager versteht man Kugel- und Rollenlager. Bei der Berechnung der Tragfähigkeit von Wälzlagern ist zwischen der dynamischen Tragfähigkeit des umlaufenden Lagers und der statischen Tragfähigkeit bei Belastung im Stillstand zu unterscheiden. Ausschlaggebend für die richtige Wahl eines Wälzlagers sind nächst Größe, Richtung und Wirkung der Kräfte die Drehzahl und die gewünschte Lebensdauer. Die Lebensdauer ist abhängig vom inneren Aufbau des Lagers (Konstruktion, Werkstoff, Herstellung) und von äußeren Einflüssen (Größe, Art, Dauer der Belastung, Drehzahl, Einbau, Schmierung und Wartung). Unter „Lebensdauer" versteht man die Anzahl Laufstunden, die 90% einer größeren Anzahl gleicher Lager unter gleichen Betriebsbedingungen mindestens erreichen, zum Teil aber auch wesentlich überschreiten. 10% der Lager können vorher ausfallen.

1. Dynamische Tragfähigkeit

Bei konstanter Drehzahl ergibt sich aus Versuchen die Beziehung zwischen Lebensdauer L_h [h], der Drehzahl n [U/min] und der Belastung P [kp]

$$f_L = f_n \cdot f_t \cdot \frac{C}{P}$$

Hierin ist

C die Tragzahl in kp, d. h. die zulässige Belastung für eine Lebensdauer von 10^6 Umdrehungen.

P die ideelle Radiallast für Radiallager bzw. Axiallast für Axiallager in kp.

$f_n = \sqrt[3]{\frac{33^1/_3}{n}}$ der Drehzahlfaktor,

$f_L = \sqrt[3]{\frac{L_h}{500}}$ der Lebensdauerfaktor,

f_t der Temperaturfaktor, der bei Temperaturen über 100° C die Minderung der Tragfähigkeit berücksichtigt. Er beträgt z. B. für 200°C 0,83 und für 300°C 0,62.

2. Statische Tragfähigkeit

Zur Beurteilung der statischen Beanspruchung dient die Kennzahl

$$f_s = \frac{C_s}{P}$$

Hierin ist

C_s die statische Tragzahl in kp, d. i. die Lagerbelastung, bei der die plastische Verformung zwischen Rollkörper und Rollbahn 0,01‰ des Rollkörperdurchmessers erreicht,

P die größte auftretende Lagerbelastung in kp,

f_s = 1,5—2,5 bei hohen Ansprüchen an die Laufruhe,
= 0,8—1,2 bei normalen Ansprüchen,
= 0,5—0,6 bei geringen Ansprüchen.

Aus den obigen Formeln werden zunächst für die Last P die Tragzahlen C bzw. C_s errechnet und dann für einen gegebenen Wellendurchmesser Art und Größe des Wälzlagers aus den Wälzlager-Katalogen entnommen, in denen für jedes Lager die zugehörigen dynamischen Tragzahlen C und statischen Tragzahlen C_s angegeben sind.

Die gebräuchlichen Werte für die rechnerische Lebensdauer sind von der verlangten Betriebssicherheit abhängig und liegen zwischen 2000 h bei Haushaltsgeräten, 8000 h bei kleinen Elektromotoren und 50000 h und mehr bei Papiermaschinen.

3.10 Wellen und Achsen

1. Wellen.

Wellen dienen zur Übertragung von Kräften; sie werden auf Biegung und Verdrehung beansprucht.

Der Durchmesser normaler Triebwerkwellen aus gewöhnlichem Walzeisen berechnet sich nach der Formel

$$d = \sqrt[3]{\frac{M_t \cdot 16}{\tau_{zul} \cdot \pi}}\ [\mathrm{cm}].$$

Mit $\tau_{zul} = 120\ \mathrm{kp/cm^2}$

wird $d = \sqrt[3]{\frac{M_t}{24}} = \sqrt[3]{3000\,\frac{N}{n}}\ [\mathrm{cm}],$

wobei

$$M_t = 71\,620\,\frac{N}{n} = P\,R\ [\mathrm{cmkp}]$$

ist (s. S. 69).

2. Achsen.

Achsen werden nur auf Biegung beansprucht. Sie berechnen sich nach der allgemeinen Biegungsformel

$$M_b = W\sigma_{b\,zul} = \frac{\pi\,d^3}{32}\sigma_{b\,zul}\ [\mathrm{cmkp}].$$

Werte für $\sigma_{b\,zul}$: bei wechselnder Belastung (Fall III S. 44):

Stahl St 37	500 ÷ 750 kp/cm²
Stahl St 50	700 ÷ 1050 kp/cm²
Stahl St 70	1050 ÷ 1250 kp/cm²
Stahlguß GS 45	500 ÷ 750 kp/cm²
Grauguß GG 14	250 ÷ 350 kp/cm²
Grauguß GG 26	400 ÷ 600 kp/cm²
Messing MS 63	400 ÷ 600 kp/cm²
Eichenholz	100 kp/cm²

Die Drehzahlen je Minute für Triebwerkwellen sind üblicherweise für

Hauptwellen .... 100÷300,
schwere Metallbearbeitungsmaschinen .... 100÷300,
leichte ,, ... 150÷500,
Nebenwellen .... 200÷600,
Holzbearbeitungsmaschinen .... 250÷600÷1000,
Textilmaschinen .... 300÷800.

Tafel 74: Durchmesser *d* normaler Triebwerkwellen in mm

($\tau_{zul} = 120$ kp/cm²):

N PS	Drehzahl *n* pro Minute														
	40	60	80	100	120	140	160	180	200	225	250	275	300	350	400
1	50	45	45	40	40	35	35	35	35	35	35	30	30	30	30
2	60	55	50	50	45	45	40	40	40	40	40	35	35	35	35
3	65	60	55	50	50	50	45	45	45	45	40	40	40	40	40
4	70	65	60	55	55	50	50	50	50	45	45	45	45	40	40
5	75	65	60	60	55	55	55	50	50	50	50	45	45	45	45
6	75	70	65	60	60	55	55	55	50	50	50	50	50	45	45
8	85	75	70	65	65	60	60	55	55	55	55	50	50	50	50
10	85	80	75	70	65	65	60	60	60	55	55	55	55	50	50
12	90	85	75	75	70	65	65	65	60	60	60	55	55	55	50
14	95	85	80	75	75	70	70	65	65	60	60	60	60	55	55
15	95	85	80	75	75	70	70	65	65	65	60	60	60	55	55
16	100	90	85	80	75	70	70	70	65	65	65	60	60	60	55

noch Tafel 74

N PS	Drehzahl *n* pro Minute														
	40	60	80	100	120	140	160	180	200	225	250	275	300	350	400
18	100	90	85	80	75	75	70	70	70	65	65	65	60	60	60
20	105	95	85	85	80	75	75	70	70	70	65	65	65	60	60
25	110	100	90	85	85	80	80	75	75	70	70	70	65	65	60
30	115	105	95	90	85	85	80	80	75	75	70	70	70	65	65
35	120	105	100	95	90	85	85	80	80	80	75	75	75	70	70
40	120	110	105	100	95	90	85	85	85	80	80	75	75	70	70
45	125	115	105	100	95	95	90	85	85	85	80	80	75	75	70
50	130	115	110	105	100	95	90	90	85	85	85	80	80	75	75
55	130	120	110	105	100	95	95	90	90	85	85	85	80	80	75
60	135	120	115	110	105	100	95	95	90	90	85	85	85	80	75
65	140	125	115	110	105	100	100	95	95	90	90	85	85	80	80
70	140	125	120	110	105	105	100	95	95	90	90	90	85	85	80
75	145	130	120	115	110	105	100	100	95	95	90	90	85	85	80
80	145	130	120	115	110	105	105	100	100	95	95	90	90	85	85
85	145	135	125	120	115	110	105	100	100	95	95	90	90	85	85
90	150	135	125	120	115	110	105	105	100	100	95	95	90	90	85
95	150	135	130	120	115	110	110	105	100	100	95	95	90	90	85
100	155	140	130	120	115	115	110	105	105	100	100	95	95	90	85
105	155	140	130	125	120	115	110	105	105	100	100	95	95	90	90
110	155	140	130	125	120	115	110	110	105	105	100	100	95	90	90
115	160	145	135	125	120	115	115	110	105	105	100	100	95	95	90
120	160	145	135	130	120	120	115	110	110	105	100	100	100	95	90
130	—	150	140	130	125	120	115	115	110	105	105	100	100	95	95
140	—	150	140	135	125	120	120	115	110	110	105	105	100	100	95
150	—	155	145	135	130	125	120	115	115	110	110	105	105	100	95
160	—	155	145	135	130	125	120	120	115	110	110	105	105	100	100
170	—	160	145	140	135	130	125	120	120	115	110	110	105	105	100
180	—	160	150	140	135	130	125	120	120	115	115	110	110	105	100
190	—	160	150	145	135	130	130	125	120	120	115	110	110	105	100
200	—	—	155	145	140	135	130	125	120	120	115	115	110	105	105
220	—	—	155	150	140	135	130	130	125	120	120	115	115	110	105
240	—	—	160	150	145	140	135	130	130	125	120	120	115	110	110
260	—	—	165	155	145	140	135	135	130	125	125	120	120	115	110
280	—	—	165	160	150	145	140	135	135	130	125	120	120	115	110
300	—	—	170	160	150	145	140	140	135	130	130	125	120	120	115
320	—	—	170	165	155	150	145	140	135	135	130	125	125	120	115
340	—	—	175	165	160	150	145	145	140	135	130	130	125	120	120
360	—	—	180	170	160	155	150	145	140	135	135	130	130	125	120

Tafel 75: Leistung normaler Triebwerkwellen
($\tau_{zul} = 120$ kp/cm²):

d cm	M_t cm kp	$\frac{N}{n}$	d cm	M_t cm kp	$\frac{N}{n}$	d cm	M_t cm kp	$\frac{N}{n}$	d cm	M_t cm kp	$\frac{N}{n}$
3,0	648	0,009	6,0	5184	0,072	9,0	17496	0,243	14,0	65856	0,915
3,5	1029	0,014	6,5	6591	0,092	9,5	20577	0,286	15,0	81000	1,125
4,0	1536	0,021	7,0	8232	0,114	10,0	24000	0,333	16,0	98304	1,365
4,5	2187	0,030	7,5	10125	0,141	11,0	31944	0,444	17,0	117912	1,638
5,0	3000	0,042	8,0	12288	0,171	12,0	41472	0,576	18,0	139968	1,944
5,5	3993	0,055	8,5	14739	0,205	13,0	52728	0,732	20,0	192000	2,666

3.11 Bremsen

Es bezeichne

P die Bremskraft am Umfange der Bremsscheibe in kp,
K die Kraft am Bremshebelgriff in kp,
μ den Reibungskoeffizienten der gleitenden Reibung,
$\mu = 0{,}18 \div 0{,}25$ für Grauguß auf Grauguß,
$\mu < 0{,}5$ für Holz auf Grauguß (trocken).

1. Backenbremsen:

$$K = P \frac{b}{a+b}\left(\frac{1}{\mu} + \frac{c}{b}\right) \text{ für Drehrichtung links}$$

$$K = P \frac{b}{a+b}\left(\frac{1}{\mu} - \frac{c}{b}\right) \text{ für Drehrichtung rechts}$$

siehe Abb. 91.

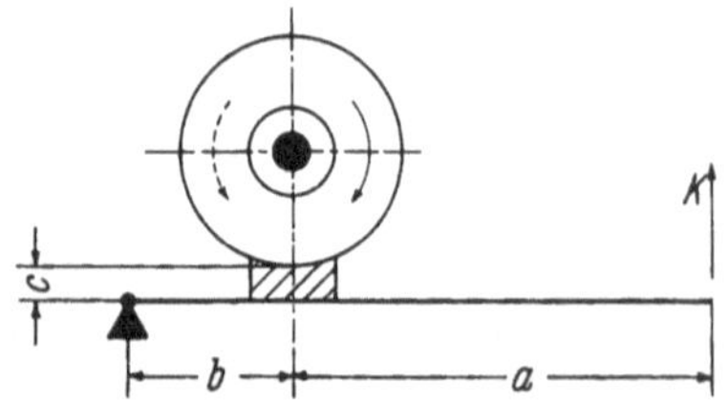

Abb. 91

Wenn statt der flachen Backen eine Keilnute mit dem Nutenwinkel 2α angewendet wird, so ist statt μ zu setzen

$$\frac{\mu}{\sin\alpha + \mu\cos\alpha}.$$

2. Bandbremsen.

Es bedeute

P Umfangskraft an der Scheibe in kp

T die Spannkraft im ablaufenden Band in kp,

t die Spannkraft im auflaufenden Band in kp,

$b \leqq 8$ cm die Breite des Bandes,

s ÷ 0,4 cm die Dicke des Bandes,

α den vom Bremsband umspannten Bogen,

σ_{zul} die zulässige Zugspannung des Bandes in kp/cm²,

$e = 2{,}718\ldots$ die Basis der natürlichen Logarithmen.

Dann ist

$$T = \frac{P}{e^{\mu\alpha} - 1},$$

$$t = T\,e^{\mu\alpha};$$

für $\frac{\alpha}{2\pi} = 0{,}7$ und $\mu = 0{,}18$ ist $e^{\mu\alpha} = 2{,}21$, mithin

$$T = 0{,}83\,P,$$

$$t = 2{,}21\,T = 1{,}83\,P.$$

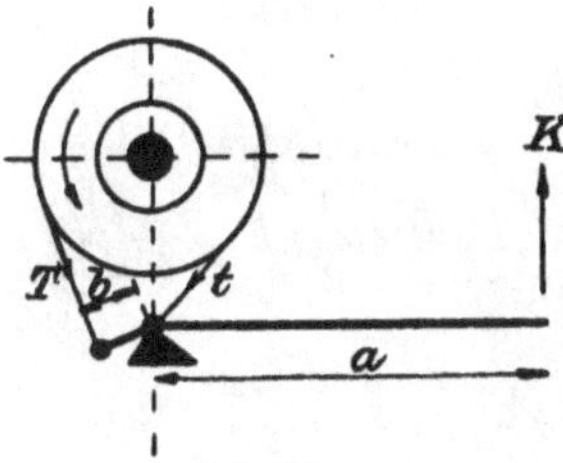

Abb. 92.

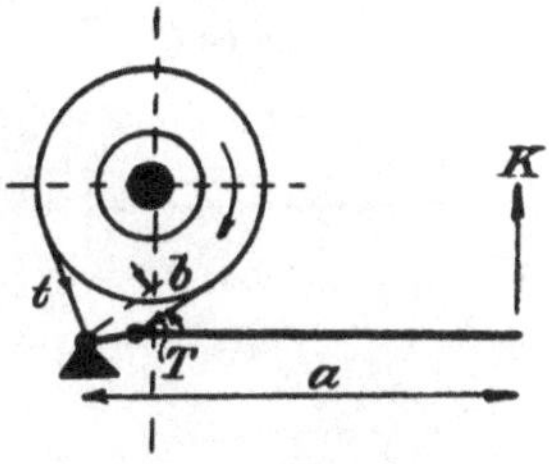

Abb. 93.

Der Bandquerschnitt ergibt sich aus der zulässigen Zugspannung nach der Formel

$$b\,s = \frac{t}{\sigma_{zul}} = \frac{P}{\sigma_{zul}}\,\frac{e^{\mu\alpha}}{e^{\mu\alpha} - 1}\ [\mathrm{cm}^2].$$

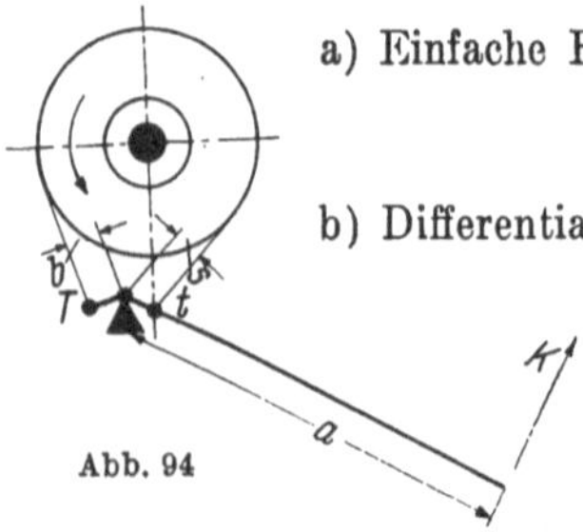

Abb. 94

a) Einfache Bandbremsen (Fig. 83 u. 84).

$$K = T\,\frac{b}{a}\,.$$

b) Differentialbremsen (Fig. 85).

$$K = \frac{Tb - ts}{a} = \frac{P}{a}\,\frac{b - s\,e^{\mu\alpha}}{e^{\mu\alpha} - 1}\,.$$

3.12 Hebel, Vorgelege und Flaschenzüge

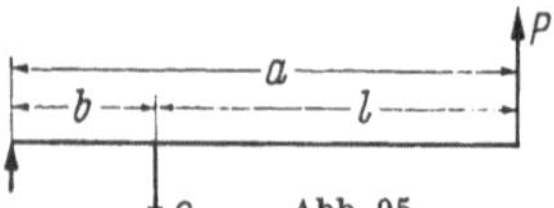

Abb. 95

1. Einarmiger Hebel.

$$P = Q\,\frac{b}{a};\quad a = \frac{Q\,l}{P - Q}\,.$$

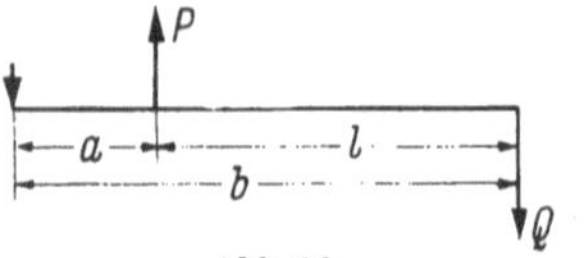

Abb. 96

$$P = Q\,\frac{b}{a};\quad a = \frac{Q\,l}{P - Q}\,.$$

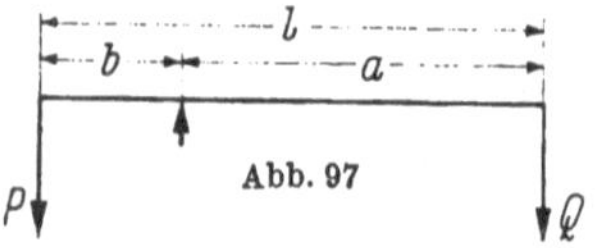

Abb. 97

2. Zweiarmiger Hebel.

$$P = Q\,\frac{a}{b};\quad b = \frac{Q\,l}{Q + P}\,.$$

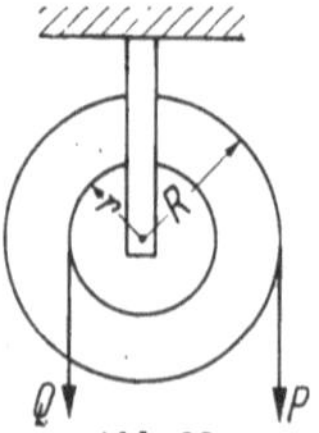

Abb. 98

3. Seil- oder Kettentrommel.

$$P = Q\,\frac{r}{R}\,.$$

4. Vorgelege

$$P = Q \frac{r}{R} \frac{r_1}{R_1}.$$

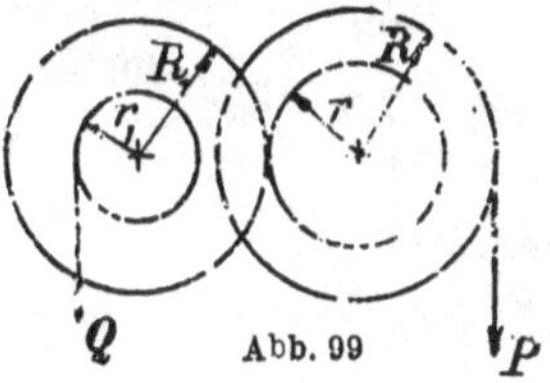

Abb. 99

5. Rollenzug

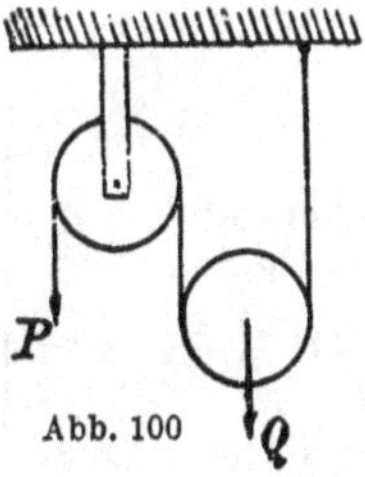

Abb. 100

$$P = \frac{Q}{2}.$$

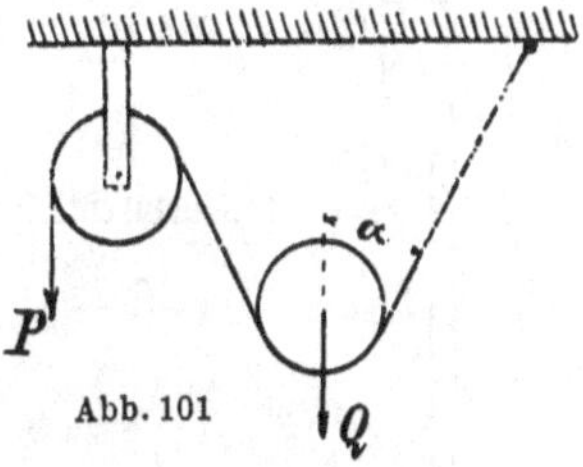

Abb. 101

$$P = \frac{Q}{2 \cos \alpha}.$$

6. Potenzflaschenzug
n lose Rollen,
S Kraftweg,
s Lastweg.

$$P = \frac{Q}{2^n},$$

$$s = \frac{S}{2^n}.$$

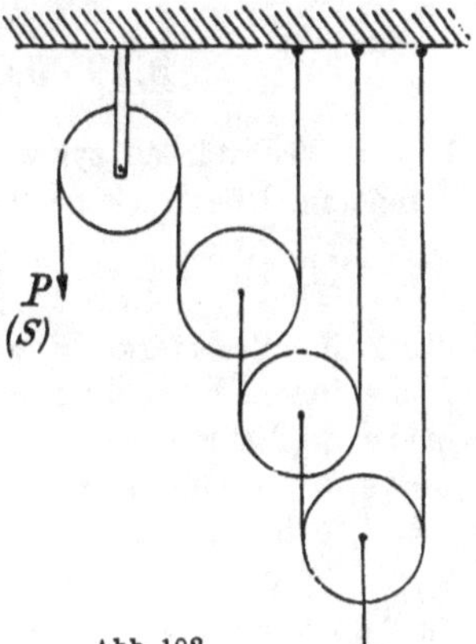

Abb. 102

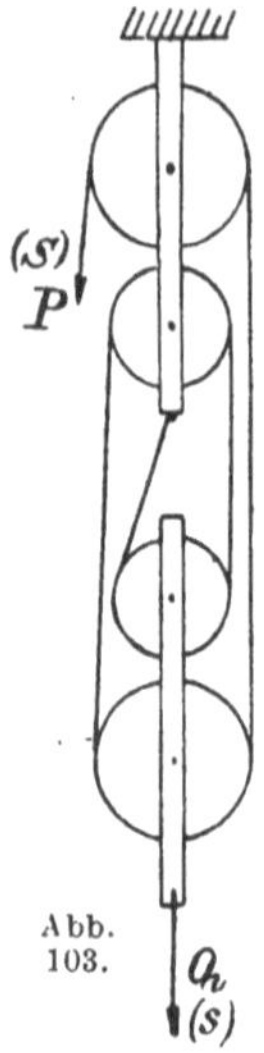

Abb. 103.

7. Faktorenflaschenzug.
n Rollen.

$$P = \frac{Q}{n},$$

$$s = \frac{S}{n}.$$

8. Differentialflaschenzug.

$$P = Q\,\frac{R - r}{2R},$$

$$s = S\,\frac{R - r}{2R}.$$

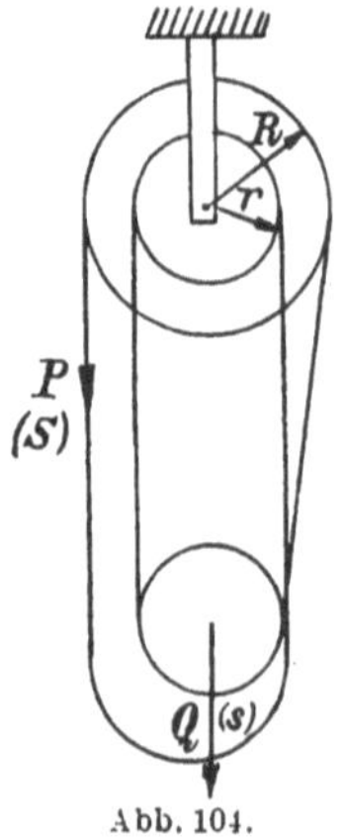

Abb. 104.

3.13 Dampfkessel

1. Die Blechstärken zylindrischer Dampfkesselwandungen mit innerem Überdruck berechnen sich nach der Formel

$$s = D\,\frac{p\,S}{2\,\sigma_B\,\nu},$$

worin s die Blechstärke in cm
D der innere Kesseldurchmesser in cm,
p der größte Betriebsüberdruck in kp/cm²,
$S = 4{,}75$ bei Überlappungsnietung,
$= 4{,}25$ bei Doppellaschennietung der Sicherheitsgrad gegen Zerreißen,
σ_B die Zugfestigkeit des Bleches in kp/cm²,
ν das Verhältnis $\dfrac{\text{Festigkeit der Nietnaht}}{\text{Festigkeit d. vollen Bleches}} = 0{,}56 \div 0{,}75$

ist. s darf den Wert 0,7 cm nicht unterschreiten; σ_B kann zu ≈ 3800 kp/cm² angenommen werden.

2. Die Blechstärken der Flammrohre mit äußerem Überdruck ergeben sich nach der Formel

$$s = \frac{p\,d}{200}\left(1 + \sqrt{1 + \frac{a}{p}\,\frac{l}{(l + d)}}\right) + 2\,[\text{mm}].$$

Hierin bedeutet

s die Blechstärke in mm ($\geqq 0{,}7$ cm),
p den größten Betriebsüberdruck in kp/cm²,
d den inneren Flammrohrdurchmesser in mm,
l die Länge des Flammrohres bzw. die Entfernung der Versteifungen in mm,
$a = 100$ für liegende Rohre,
$= 70$ für stehende Rohre.

3. Dampferzeugung bei verschiedenen Brennstoffen

Tafel 76

Feuerung	Brennstoff	Stündlich auf 1 m² Heizfläche: Brennstoffverbrauch in kp	Stündlich auf 1 m² Heizfläche: erzeugte Dampfmenge in kp	Zulässiger Brennstoffverbrauch in 1 Stde. auf 1 m² Rostfläche in kp	Erzeugte Dampfmenge in kp je kp Brennstoff
schwach	Steinkohle .	1,2	10	60	8,3
	Braunkohle	3,0		100	3,3
	Koks	2,0		40	5,0
	Torf	2,5		70	4,0
	Holz	2,5		70	4,0
	Lohe	2,4		60	4,5
	Sägespäne..	2,4		60	4,5
schärfer (normal)	Steinkohle .	2,0	16	70 ÷ 90	8,0
	Braunkohle	5,5		120 ÷ 180	3,0
	Koks	4,0		50	4,5
	Torf	4,5		90	3,5

noch Tafel 76

Feuerung	Brennstoff	Stündlich auf 1 m² Heizfläche: Brennstoffverbrauch in kp	Stündlich auf 1 m² Heizfläche: erzeugte Dampfmenge in kp	Zulässiger Brennstoffverbrauch in 1 Stde auf 1 m² Rostfläche in kp	Erzeugte Dampfmenge in kp je kp Brennstoff
schärfer (normal)	Holz	4,5	16	90	3,75
	Lohe	4,25		75	3,75
	Sägespäne..	4,25		75	4,0
angestrengt	Steinkohle .	3,3	23	90 ÷ 100	7,0
	Braunkohle	8,5		190 ÷ 250	2,6
	Koks	6		60	4,0
	Torf	6,5		100	3,0
	Holz	6,5		100	3,5
	Lohe	6,25		100	3,6
	Sägespäne..	6,25		100	3,75
stark angestrengt	Steinkohle .	5,0	30	110	6,0
	Braunkohle	12,0		260 ÷ 350	2,3
	Koks	7,5		75	3,6
	Torf	8,0		120	2,5
	Holz	8,0		120	3,2
	Lohe	7,75		130	3,4
	Sägespäne..	7,75		130	3,4

In der nachfolgenden Tafel 77 bezeichnet

B die Brennstoffmenge in kp/h,

D die erzeugte Dampfmenge in kp/h,

H die Heizfläche in m²,

R die gesamte Rostfläche in m²,

L die zur Verbrennung von 1 kp Brennstoff erforderliche Luftmenge in kp,

t die Verbrennungstemperatur auf dem Rost,

t_f die Temperatur der Heizgase im Fuchs,

η_f der Wirkungsgrad der Feuerung,

η_H der Wirkungsgrad der Heizfläche,

η_g der Wirkungsgrad der gesamten Kesselanlage,

$$\eta_g = \frac{\text{von 1 kp Brennstoff a.d.Kessel abgegeb. Wärmemenge}}{\text{von 1 kp Brennstoff erzeugte Wärmemenge.}}$$

Tafel 77: Kennzahlen von Dampfkesselanlagen

Kessel und Verbrennung	$\frac{B}{H}$ $\frac{kp}{m^2h}$	$\frac{B}{R}$ $\frac{kp}{m^2h}$	$\frac{H}{R}$ $\frac{m^2}{m^2}$	L kp	η_f	t °C	t_f °C	η_H	η_g	$\frac{D}{B}$ ohne Vorwärmer $\frac{kp/h}{kp/h}$	$\frac{D}{B}$ mit Vorwärmer	$\frac{D}{H}$ ohne Vorwärmer $\frac{kp/h}{kp/h}$	$\frac{D}{H}$ mit Vorwärmer
Feste Kessel: sehr langsam	1	40÷50	40÷50	22,0	0,90	856	169	0,862	0,776	8,95	10,01	8,95	10,01
						978	170	0,861	0,775	8,94	10,00	8,94	10,00
						1223	174	0,858	0,762	8,79	9,83	8,79	9,83
langsam …	2	50÷70	25÷35	20,5	0,85	865	233	0,811	0,689	7,95	8,89	15,90	17,78
						988	246	0,801	0,681	7,86	8,78	15,72	17,56
						1235	272	0,780	0,663	7,65	8,55	15,30	17,10
normal ….	3	70÷100	23÷33	19,0	0,85	930	314	0,764	0,649	7,49	8,37	22,47	25,11
						1062	341	0,743	0,631	7,28	8,14	21,84	24,42
						1328	394	0,713	0,596	6,88	7,69	20,64	23,07
lebhaft ….	5		20	17,5	0,80	946	434	0,679	0,543	6,27	7,00	31,35	35,00
						1081	482	0,643	0,514	5,93	6,63	29,65	33,15
						1351	586	0,567	0,454	5,24	5,86	26,20	29,30
Schiffskessel: natürlicher Zug …….	3÷3,5	85÷90	28	17,5	0,80	946	319÷358	0,821÷0,770	0,657÷0,616	7,17÷6,73	—	21,05÷24,56	—
mäßiger Unterwind ..	4	130÷140	33	17,5	0,80	946	391	0,728	0,582	6,36	—	25,44	—
Lokomotivkessel													
Gebirgslokomotive	5÷6	350÷500	70÷100	15	0,80	1094	374÷431	0,760÷0,724	0,609÷0,579	6,81÷6,43	—	34,04÷38,57	—
Güterzuglokomotive	6÷8	350÷500	50÷70	15	0,80	1094	431÷527	0,724÷0,663	0,579÷0,532	6,43÷5,92	—	38,57÷47,36	—
Personenzuglokomotive	8÷10	350÷500	35÷55	15	0,80	1094	527÷591	0,663÷0,622	0,532÷0,497	5,92÷5 46	—	47,36÷54,6	—

4. Verbrennungstemperatur t.

Es ist

$$t = \frac{H_u + t_L \cdot c_{pL} \cdot L}{c_p \cdot V_g} \quad [^0\,C].$$

Hierin ist

H_u der untere Heizwert des Brennstoffes in kcal/kp (s. S. 33).
t_L die Temperatur der zugeführten Luft in ^{0} C,
c_{pL} die spez. Wärme der Luft bei konst. Druck in kcal/kp,
c_p die spez. Wärme der Heizgase bei konst. Druck in kcal/kp,
V_g die Heizgasmenge in kp für 1 kp Brennstoff.

5. Dampferzeugung.

Die in einer Stunde erzeugte Dampfmenge beträgt in kp

$$D = \eta_f \cdot \eta_H \cdot \frac{H_u}{i''} \cdot B = \eta_g \cdot \frac{H_u}{i''} \cdot B \; [\mathrm{kp}/h].$$

Hierin ist

H_u der Heizwert des Brennstoffes in kcal/kp,
i'' die Wärmemenge in kcal zur Erzeugung von 1 kp trockenem Dampf von t^0 aus Wasser von t_0^0.

Für $i'' = 600$ und $\eta_g = 0{,}7$ ist für

Gichtgas	$D:B =$	$0{,}85 \div 1{,}0$,
Koksofengas		$4{,}5 \div 5{,}3$.

6. Brennstoffverbrauch.

Die in einer Stunde verbrannte Brennstoffmenge beträgt in kp

$$B = \frac{4680\, m\, v}{L} \cdot R \quad [\mathrm{kp}/h].$$

Hierin ist

v die Luftgeschwindigkeit im Rost $= 0{,}75 \div 1{,}60 \div 4$ m/s
m das Verhältnis $\frac{\text{freie}}{\text{gesamte}}$ Rostfläche für:

Braunkohlen	$m = 0{,}20 \div 0{,}30$	Holz u. Torf	$m = 0{,}15 \div 0{,}20$
Steinkohlen	$m = 0{,}25 \div 0{,}50$	Koks . . .	$m = 0{,}30 \div 0{,}50$

3.14 Rohre

1. Abmessungen und Gewichte für Muffenrohre aus Grauguß nach DIN 2432 (Nenndruck *ND* 10).

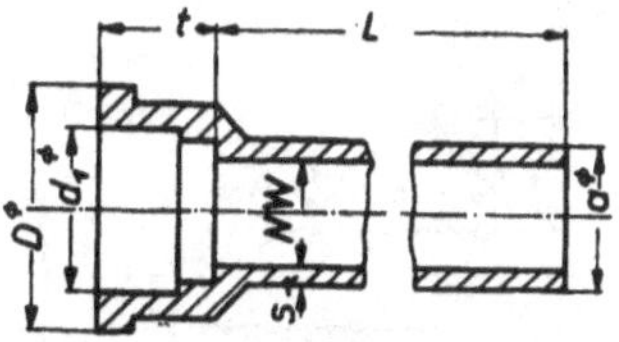

Abb. 105.

Tafel 78

Nennweite	Rohr: Außendurchmesser *a* mm	Rohr: Wanddicke *s* mm	Rohr: Baulängen *L* m	Muffe: Innendurchmesser d_1 mm	Muffe: Tiefe *t* mm	Muffe: Wandstärke mm	Gewicht ohne Muffe kg/m
40	55	7,5	2÷3	69	74	11	8,11
50	65	7,5	2,5÷3	80	77	11	9,82
70	86	8	3÷3,5	101	82	12	14,2
80	97	8,5	3,5÷4	112	84	12,5	17,1
100	118	9	3,5÷4	133	88	13	22,3
125	144	9,5	4	159	91	13,5	29,1
150	170	10	4÷5	185	94	14	36,4
200	222	11	4÷5	238	100	15	52,9
250	274	12	4÷5	291	103	17	71,6
300	326	13	4÷5	343	105	18	92,7
350	378	14	4÷5	395	107	19,5	116
400	428	14	4÷5	447	110	20,5	132
450	480	15	4÷5	499	112	21	159
500	532	16	4÷5	552	115	22,5	188
600	634	17	4÷5	655	120	24	239
700	738	19	4÷5	760	125	26,5	311
800	842	21	4÷5	866	130	29,5	393
900	946	23	4÷5	971	135	31,5	484
1000	1048	24	4÷5	1074	140	33,5	560
1100	1152	26	4÷5	1178	145	36,5	667
1200	1256	28	4÷5	1282	150	39	783

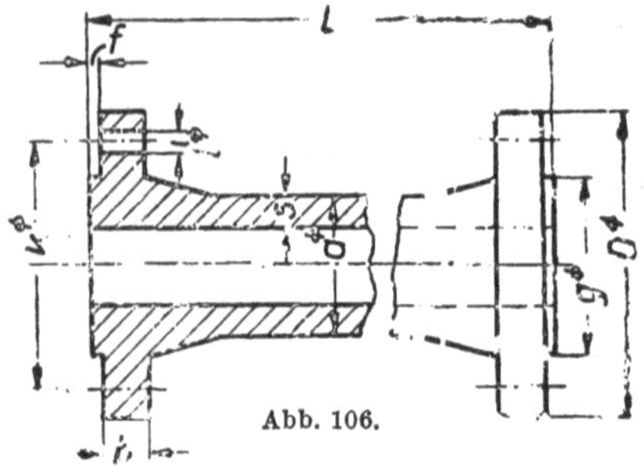

Abb. 106.

2. Abmessungen und Gewichte für Flanschenrohre aus Grauguß nach DIN 2422 (Nenndruck *ND* 10)

Lagerlängen 2÷3 m für Rohre bis 170 mm Durchmesser
„ 3÷4 m „ „ über 170 mm „

Tafel 79

Nennweite	Rohr: Außendurchmesser *a* mm	Rohr: Wanddicke *s* mm	Flansch: Durchmesser *D* mm	Flansch: Dicke *b* mm	Flansch: Lochkreisdurchmesser *k* mm	Schrauben: Zahl	Schrauben: Stärke Zoll	Gewicht ohne Flansch kg/m
40	55	7,5	150	18	110	4	$^5/_8$	8,11
50	65	7,5	165	20	125	4	$^5/_8$	9,82
70	86	8	185	20	145	4	$^5/_8$	14,2
80	97	8,5	200	22	160	4	$^5/_8$	17,1
100	118	9	220	22	180	8	$^5/_8$	22,3
125	144	9,5	250	24	210	8	$^5/_8$	29,1
150	170	10	285	24	240	8	$^3/_4$	36,4
200	222	11	340	26	295	12	$^3/_4$	52,9
250	274	12	395	28	350	12	$^3/_4$	71,6
300	326	13	445	28	400	12	$^3/_4$	92,7
350	378	14	505	30	460	16	$^3/_4$	116
400	428	14	565	32	515	16	$^7/_8$	132
450	480	15	615	32	565	20	$^7/_8$	159
500	532	16	670	34	620	20	$^7/_8$	188
600	634	17	780	36	725	20	1	239
700	738	19	895	40	840	24	1	311
800	842	21	1015	44	950	24	$1^1/_8$	393
900	946	23	1115	46	1050	28	$1^1/_8$	484
1000	1048	24	1230	50	1160	28	$1^1/_4$	560
1100	1152	26	1340	52	1270	32	$1^1/_4$	667
1200	1256	28	1455	56	1380	32	$1^3/_8$	783

3. Nahtlose Stahlrohre nach DIN 2448

Stahlrohre werden mit verschiedenen Normalwanddicken hergestellt. Übersicht über die Normalwanddicken und zugeordneten Rohr-Außendurchmesser:

1,5: 8 **10** 12 — 2,5: **14** 16 **18** 20 **22** 24 **25** 26 28 — 2,5: **30** **32** **35** **38** 41,5 **44,5** **51** 54 — 2,75: **57** — 3: 60 **63,5** 70 **76** — 3,25: 83 **89** — 3,5: 95 102 — 3,75: **108** — 4: 121 **133** — 4,25: 146 152 — 4,5: **159** 171 — 5,25: **191** — 6: **216** — 6,25: 241 — 6,5: **267** — 7: 292 — 7,5: **318** — 8: 343 **368** — 9: 394 — 9,5: **419** — 10: 445 — 10,5: **470** — 11: 495 — 11,5: **521** — 12: 546 — 12,5: **572**.

Fettdruck: Vorzugsreihe der Rohr-Außendurchmesser. Rohre in Normalwanddicke sind in der Regel ab Lager lieferbar.

4. Gewindestahlrohre nach DIN 2439 (leicht), 2440 (mittelschwer) und 2441 (schwer)

Tafel 80

Nennweite	Zoll	1/8″	1/4″	3/8″	1/2″	3/4″	1″	1 1/4″	1 1/2″	2″
	mm	6	8	10	15	20	25	32	40	50
Außendurchmesser	mm	10	13,25	16,75	21,25	26,75	33,5	42,25	48,25	60
Wanddicke mm	leicht	—	—	—	2,4	2,4	2,8	3,1	3,1	3,3
	mittelschwer	2	2,25	2,25	2,75	2,75	3,25	3,25	3,5	3,75
	schwer	2,5	2,75	2,75	3,25	3,5	4	4	4,25	4,5

4. Abschnitt

Elektrotechnik

1. 01 Maßeinheiten

1. Elektrische Einheiten

Tafel 81

Größe	Einheit	Verhältnis zur absoluten Einheit	Dimension der absoluten Einheit
Elektromotorische Kraft (Spannung) E	Volt	10^8	$cm^{\frac{3}{2}}\ p^{\frac{1}{2}}\ sek^{-2}$
Stromstärke I	Ampere	10^{-1}	$cm^{\frac{1}{2}}\ p^{\frac{1}{2}}\ sek^{-1}$
Widerstand R	Ohm	10^9	$cm\ sek^{-1}$
Elektrizitätsmenge Q	Coulomb	10^{-1}	$cm^{\frac{1}{2}}\ p^{\frac{1}{2}}$
Kapazität C	Farad	10^{-9}	$cm^{-1}\ sek^2$
ElektrischeArbeit A .	Joule	10^7	$cm^2\ p\ sek^{-2}$
Elektrische Leistung (Effekt) N	Watt (Voltampere)	10^7	$cm^2\ p\ sek^{-3}$
Induktivität L......	Henry	10^9	cm

Einige wichtige Vergleichseinheiten:

1 Pferdestärke (PS)	= 75 mkp/s	= 736 Watt
1 Joule (l)	= 1 Wattsekunde (Ws)	= 0,102 mkp
		= 0,24 cal
1 Watt (W)	= 1 Voltampere (VA)	= 1 Joule/s
		= 1/736 PS
	= 0,102 mkp/s	= 0,24 cal/s
1 Wattstunde (Wh)	= 367 mkp	= 3600 Joule
1 Kilowatt (kW)	= 1000 Watt	= 1,36 PS
		= 0,24 kcal/s
1 Kilowattstunde (kWh)	= 1,36 PSh	= 864 kcal
1 Coulomb (C)	= 1 Amperesekunde (As)	
1 Amperestunde (Ah)	= 3600 Coulomb	
1 Farad (F)	$= 1\ \frac{\text{Coulomb}}{\text{Volt}}$	
1 Mikrofarad (μF)	= 10^{-6} Farad	
1 Millivolt (mV)	= 10^{-3} Volt	
1 Megohm (MΩ)	= 10^6 Ohm.	

Definitionen:

1 Ohm = Widerstand einer Quecksiler-Säule von 1 mm^2 Querschnitt, 1,063 m Länge bei 0^0 Celsius.

1 Ampere = Stromstärke, die in 1 Sekunde 0,001 118 p Silber aus einer wässrigen Silbernitratlösung ausscheidet.

1 Volt = Elektromotorische Kraft, die in einem Leiter von 1 Ohm Widerstand 1 Ampere erzeugt.

1 Coulomb = Elektrizitätsmenge, die in einem Strom von 1 Ampere in 1 Sekunde fließt (Amperesekunde).

1 Joule = Elektrische Arbeit, die geleistet wird in 1 Sekunde durch 1 Ampere in 1 Ohm (Wattsekunde).

1 Watt = Leistung von 1 Joule in 1 Sekunde (Voltampere).

1 Farad = Kapazität eines Kondensators, der bei 1 Coulomb Ladung 1 Volt hat.

1 Henry = Induktivität, in der die Stromänderung von 1 Ampere in 1 Sekunde 1 Volt erzeugt.

2. Magnetische Einheiten

Tafel 82

Größe	Dimension der absoluten Einheit		
Magnetische Menge m	$cm^{\frac{3}{2}}$	$p^{\frac{1}{2}}$	sek^{-1}
Feldstärke $\mathfrak{H}$	cm^{-1}	$p^{\frac{1}{2}}$	sek^{-1}
Kraftlinienzahl Φ	$cm^{\frac{3}{2}}$	$p^{\frac{1}{2}}$	sek^{-1}
Magnetomotorische Kraft V	$cm^{\frac{1}{2}}$	$p^{\frac{1}{2}}$	sek^{-1}
Magnetischer Widerstand R_m	cm^{-1}		
Magnetische Induktion $\mathfrak{B}$	$cm^{-\frac{1}{2}}$	$p^{\frac{1}{2}}$	sek^{-1}
Intensität der Magnetisierung J	$cm^{-\frac{1}{2}}$	$p^{\frac{1}{2}}$	sek^{-1}

4.02 Magnetismus

Coulombsches Gesetz: Eine punktförmige magnetische Menge m_1 übt auf eine andere Menge m_2 in der Entfernung l eine Kraft

$$P = \frac{m_1 m_2}{l^2}$$

aus.

Dividiert man die Kraft P, welche in einem magnetischen Felde auf eine Magnetismusmenge m wirkt, durch diese, so erhält man die Feldstärke $\mathfrak{H}$ des betreffenden Feldes

$$\mathfrak{H} = \frac{P}{m}\text{*)}$$

Als Maß für die Feldstärke dient die Kraftlinienzahl Φ, d. h. die Feldstärke ist die Anzahl der Kraftlinien für 1 cm² Niveaufläche (Fläche $\perp$ Kraftlinienrichtung).

Bei einem Querschnitt F eines Feldes $\mathfrak{H}$ ist demnach

$$\Phi = F\,\mathfrak{H}\text{*)}$$

Wird ein Eisenkörper in ein Feld $\mathfrak{H}$ gebracht, so heißt die Feldstärke innerhalb des Eisens

$$\mathfrak{B} = \mu\,\mathfrak{H} = \frac{\Phi}{F}\text{*)}$$

die magnetische Induktion. Diese ist also die Anzahl der Kraftlinien für 1 cm² Eisenquerschnitt.

Man nennt $\mu = \frac{\mathfrak{B}}{\mathfrak{H}}$ die „Permeabilität" (Durchlässigkeit oder magnetisches Leitvermögen).

Für Luft ist $\mu = 1$; ist $\mu > 1$, so heißt der Körper „paramagnetisch", ist $\mu < 1$, so heißt er „diamagnetisch".

Setzt man $\frac{\mu - 1}{4\pi} = \varkappa$ oder $\mu = 1 + 4\pi\varkappa$, so ist

$$\mathfrak{B} = \mathfrak{H} + 4\pi\varkappa\,\mathfrak{H} = \mathfrak{H} + 4\pi J.$$

$J = \varkappa\,\mathfrak{H}$ heißt „Intensität der Magnetisierung"*) und $\varkappa = \frac{J}{\mathfrak{H}}$ magnetische „Suszeptibilität" (Aufnahmefähigkeit).

Werte für $\varkappa$ bei 18° C:

Silber	$-1{,}7 \cdot 10^{-6}$,
Kupfer	$-1{,}0 \cdot 10^{-6}$,
Wasser	$-0{,}75 \cdot 10^{-6}$,
Vakuum	0,
Luft (1 Atm.)	$+0{,}027 \cdot 10^{-6}$,
Platin	$+25 \cdot 10^{-6}$.

*) Einheiten s. S. 135.

Tafel 83: Magnetisierungswerte

Feldstärke $\mathfrak{B}$	Amperewindungen für 1 cm Kraftlinienweg			Feldstärke $\mathfrak{B}$	Amperewindungen für 1 cm Kraftlinienweg		
	Ankerblech	Stahlguß	Graugruß		Ankerblech	Stahlguß	Grauguß
1 000	—	—	2,5	13 500	11	12,3	—
2 000	—	—	5,0	14 000	13	15,4	—
3 000	—	1,0	8,0	14 500	16	19,6	—
4 000	1,0	1,4	12	15 000	21	24	—
5 000	1,3	1,9	17	15 500	30	31,5	—
6 000	1,7	2,4	25	16 000	40	41	—
7 000	2,1	3,1	37	16 500	52	54	—
8 000	2,5	3,8	56	17 000	70	72	—
9 000	3,1	4,7	80	17 500	90	92	—
10 000	3,9	5,7	120	18 000	110	117	—
10 500	4,4	6,2	150	18 500	145	146	—
11 000	5,1	6,8	170	19 000	180	181	—
11 500	5,9	7,4	200	19 500	225	—	—
12 000	6,8	8,2	240	20 000	280	—	—
12 500	7,9	9,0	—	20 500	350	—	—
13 000	9,0	10,4	—	21 000	450	—	—
				22 000	780	—	—

Die Tragkraft eines Magneten errechnet sich nach der Gleichung

$$P = \frac{\mathfrak{B}^2 F}{8\pi}\,[\text{dyn}] \approx \left(\frac{\mathfrak{B}}{5000}\right)^2 \cdot F\,[\text{kp}].$$

F = Querschnitt der Kraftlinien in cm²,
$\mathfrak{B} \div 10\,000$ für gehärteten Stahl.

Das magnetische Feld einer Ringspule (Abb. 107).

Eine Spule, deren Kraftlinien in einem Ring verlaufen, möge w Windungen haben. Die Länge des Ringes sei $l = 2 r_0 \pi$ [cm] und der Querschnitt F [cm²]. Dann berechnet sich die Feldstärke bei einer Stromstärke I zu

$$\mathfrak{H}_s = \frac{4\pi I w}{10\,l},$$

oder da

$$\Phi = \mathfrak{H}_s \mu F,$$

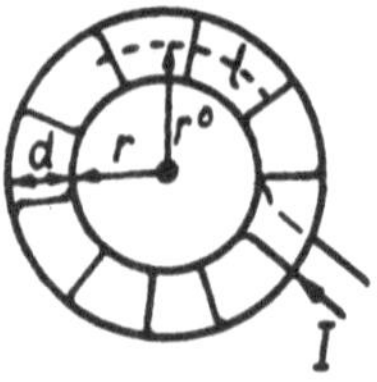

Abb. 107.

so

$$\Phi = \frac{4\pi I w}{10\, l} \mu F.$$

Der Ausdruck $4\pi I w$ heißt magnetomotorische Kraft, während man $\frac{l}{\mu F}$ den magnetischen Widerstand nennt.

4.03 Selbstinduktion

Jeder vom Strom durchflossene Leiter erzeugt ein magnetisches Feld, dessen Kraftlinienzahl durch Änderung des Stromes auch geändert wird. Es entsteht dadurch in dem Leiter eine elektromotorische Kraft der Selbstinduktion

$$E = -L \frac{dI}{dt} \text{ [Volt]}$$

Der Selbstinduktionskoeffizient L berechnet sich aus der Formel

$$L = \frac{4\pi w^2 F}{l} \text{ [cm]},$$

Aus den folgenden Gleichungen wird L in cm erhalten; um L in Henry umzurechnen, muß der betreffende Wert mit 10^{-9} multipliziert werden.

1. Drahtring vom Durchmesser D cm und der Drahtstärke d cm.

$$L = \pi \frac{D}{2} \left(4 \ln \frac{8D}{d} - 8\right) \text{ [cm]},$$

2. Spule (1 Drahtlage) mit einem Kreiszylinderquerschnitt F cm², dessen Radius r cm, und dessen Länge bei w Windungen l cm ist.

$$L = \frac{4\pi w^2 F}{l} = \frac{4\pi^2 w^2 r^2}{l} \text{ [cm]}.$$

3. Lange zylindrische Spule mit dem inneren Radius r und dem äußeren Radius R cm.

$$L = \tfrac{4}{3}\pi^2 \frac{w^4}{l^3} (R - r)(R^3 - r^3) \text{ [cm]}.$$

4. Ringförmige Spule mit dem Radius R_m und dem Querschnittsradius r cm.

$$L = 4\pi w^2 \left(R_m - \sqrt{R_m^2 - r^2}\right) \text{ [cm]}.$$

5. Flache Spule, deren mittlerer Durchmesser groß gegenüber dem Windungsraum ist.

$$L \approx 4\pi w^2 r \left(\ln \frac{8r}{d} - 2\right) \text{ [cm]}.$$

6. Zwei parallele, zu einer Schleife verbundene, geradlinige Leiter; Abstand der Drähte d, Länge der Schleife l (Hin- und Rückleitung)

$$L = l\left(0{,}5 + 2 \ln \frac{d - r}{r}\right) \text{ [cm]};$$

für hohe Frequenz ist

$$L_h = l\, 4 \ln \frac{d - r}{r} \text{ [cm]}.$$

Tafel 84: Werte für L in Millihenry für $l = 1$ km

Drahtradius r mm	d 25 cm	d 50 cm	d 75 cm	d 100 cm	d 150 cm	d 200 cm
0,5	2,584	2,862	3,024	3,140	3,290	3 410
1,0	2,310	2,584	2,744	2,862	3,028	3,140
1,5	2,140	2,418	2,584	2,696	2,860	2,974
2,0	2,034	2,310	2,480	2,584	2,744	2,860
2,5	1,940	2,220	2,380	2,494	2,658	2,772
3,0	1,868	2,140	2,300	2,438	2,584	2,692
3,5	1,810	2,088	2,258	2,366	2,526	2,640
4,0	1,754	2,034	2,174	2,310	2,452	2,584
4,5	1,700	1,980	2,140	2,254	2,424	2,540
5,0	1,664	1,942	2,104	2,220	2,362	2,498

4.04 Gegenseitige Induktion

Die gegenseitige Induktion tritt bei dem Vorhandensein zweier Stromkreise auf. Es sei w_1 die Windungszahl der einen Spule, w_2 diejenige der andern. Durch die Spule w_1 gehe ein Strom I in Ampere. Wenn I geändert wird, so entsteht durch die damit verbundene Änderung der Kraftlinienzahl in der Spule w_2 eine elektromotorische Kraft der gegenseitigen Induktion

$$E = M \frac{dI}{dt} \text{ [Volt]}.$$

Hierin ist der Koeffizient der gegenseitigen Induktion

$$M = \frac{4\pi w_1 w_2}{l} F \text{ [cm]} = \frac{4\pi w_1 w_2}{l} F \, 10^{-9} \text{ [Henry]}.$$

Für 2 ringförmige, konzentrische Spulen mit dem mittleren Radius R und r cm für die äußere bzw. innere Spule ist

$$M = 4\pi w_1 w_2 (R - \sqrt{R^2 - r^2}) \text{ [cm]}.$$

5.05 Hysteresis

Unter Hysteresis versteht man das Zurückbleiben des Magnetismus gegenüber der magnetisierenden Kraft.

Die Hysteresisschleife stellt sich also dar durch eine Gleichung

$$\mathfrak{B} = f(\mathfrak{H}),$$

wobei $\mathfrak{H}$ die magnetische Feldstärke und $\mathfrak{B}$ die magnetische Induktion ist. Die von der Schleife eingeschlossene Fläche gibt die durch die Ummagnetisierung aufgenommene Energie wieder, welche sich in Wärme umsetzt. (Abb. 108).

Der Wert von $\mathfrak{B}$ für $\mathfrak{H} = 0$ heißt Remanenz, derjenige von $\mathfrak{H}$ für $\mathfrak{B} = 0$ Koerzitivkraft.

Es sei

N der Leistungsverbrauch in Watt,
V das Volumen des Körpers in cm³,
p die Periodenzahl/s, d. h. die Anzahl der vollständigen Ummagnetisierungen in der Sekunde,

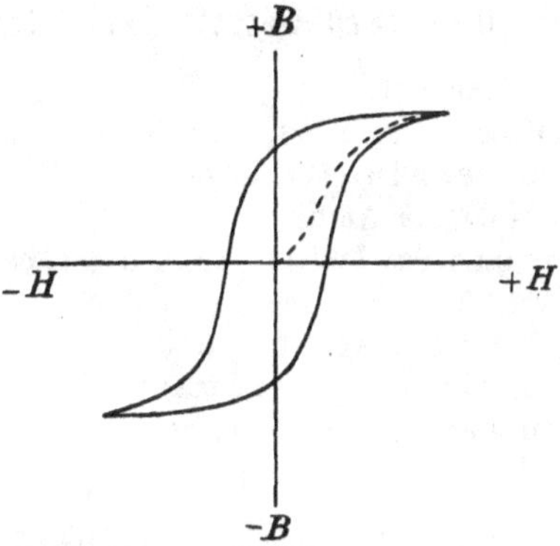

Abb. 108.

dann besteht nach Steinmetz die Gleichung

$$N = \eta \cdot \mathfrak{B}^{1,6} \cdot V \cdot p \cdot 10^{-7} \text{ [Watt]}.$$

Werte für η:

Schmiedestahl	0,0015 ÷ 0,0045,
geglühter Stahl	0,004 ÷ 0,012,
gehärteter Stahl	0,010 ÷ 0,025,
Grauguß	0,012 ÷ 0,016,
Nickel	0,013 ÷ 0,039.

Tafel 85: Werte für $\eta\,\mathfrak{B}^{1,6}$.

$\mathfrak{B}$	$\eta = 0{,}002$	$\eta = 0{,}003$	$\eta = 0{,}004$	$\mathfrak{B}$	$\eta = 0{,}002$	$\eta = 0{,}003$	$\eta = 0{,}004$
1000	126,2	189,3	252,4	10 000	5 024	7 536	10 048
2000	382,5	573,8	765,1	11 000	5 850	8 775	11 700
3000	731,8	1097,8	1463,7	12 000	6 725	10 088	13 451
4000	1160	1740	2320	13 000	7 644	11 467	15 289
5000	1657	2486	3314	14 000	8 607	12 910	17 213
6000	2219	3328	4437	15 000	9 611	14 417	19 222
7000	2839	4259	5678	16 000	10 657	15 985	21 314
8000	3515	5273	7031	17 000	11 742	17 613	23 484
9000	4244	6367	8489	18 000	12 867	19 300	25 733

4.06 Ohmsches Gesetz; Widerstand

Bezeichnet man mit

U die Spannungsdifferenz zwischen 2 Punkten eines vom Gleichstrom durchflossenen Leiters in Volt,

I die Stromstärke in Ampere,

R den Widerstand des Leiters zwischen den beiden betreffenden Punkten in Ω (Ohm),

so sagt das Ohmsche Gesetz aus, daß

1. die Stromstärke I proportional der Spannung U und
2. die Stromstärke I umgekehrt proportional dem Widerstande R

ist.

$$I = \frac{U}{R}; \qquad U = I \cdot R; \qquad R = \frac{U}{I}.$$

Dieses Gesetz gilt in vorstehender Form nur für Gleichstrom und induktionsfreie Wechselstromkreise.

Der Widerstand R eines Leiters hängt ab:

1. von seiner Länge l in m,
2. von seinem Querschnitt F in mm^2,
3. von seinem Einheitswiderstand ϱ.

ϱ ist derjenige Widerstand, welchen ein Leiter von 1 m Länge und 1 mm^2 Querschnitt bietet. Es ist

$$R = \varrho \frac{l}{F} = \frac{1}{\varkappa} \frac{l}{F}.$$

$\varkappa = \frac{1}{\varrho}$ heißt spez. Leitvermögen.

Der Widerstand eines Leiters nimmt im allgemeinen mit der Temperatur zu. Es ist angenähert

$$R_t = R_0 (1 + \alpha t),$$

wobei

R_t der Widerstand bei t^0 C,
R_0 der Widerstand bei 0^0 C,
α der Temperaturkoeffizient ist.

Tafel 86; Werte für ρ, α und $\varkappa$ bei 15° C: ($R_t = R_{15} [1 + \alpha (t - 15)]$).

Material	Spez. Widerstand ϱ	Temperaturkoeffizient α (Werte × 10^{-3})	Leitfähigkeit $\varkappa$	Spez. Gewicht $\frac{kp}{dm^3}$
Aluminium, gewalzt	0,02874	3,7	34,8	2,70
Blei, gepreßt	0,20	3,7	5,0	11,37
Eisen, rein	0,104	4,8	9,6	—
Eisendraht und -blech	0,12 ÷ 0,14	4,8 ÷ 4,5	8,3 ÷ 7,1	7,86
Eisentelegraphendraht	0,135	—	7,4	7,65
Gold	0,022	3,5	45	19,32
Graphit und Retortenkohle	13 ÷ 100	0,8 ÷ 0,2	0,08 ÷ 0,01	2,3 ÷ 1,9
Kadmium	0,068	3,8	14,7	8,6
Kupfer, rein	0,0162	4,0	62	—
Kupfer (deutsch), weich	0,0172	4,0	58,1	8,913
Kupfer (deutsch), hart	0,0175	4,0	7,50	8,913
Nickel	0,11 ÷ 0,13	4 ÷ 3	9,0 ÷ 7,5	8,9
Osmium	0,095	—	—	—
Palladium	0,11	3	9	11,4

noch Tafel 86	ϱ	α	$\varkappa$	Spez. Gewicht
Platin	0,094	2,35	10,7	21,5
Quecksilber	0,9532	0,873	1,049	13,55
Silber, weich	0,0158	3,6	63,5	10,55
Silber, hart	0,0175	3,6	57	10,55
Tantal	0,165	3,0	6,06	16,8
Wismut, gepreßt	1,1 ÷ 1,4	3,5	0,9 ÷ 0,7	9,8
Zink, gepreßt	0,059	3,9	17	7,2
Zinn	0,11 ÷ 0,14	4,5	9 ÷ 7	7,3
Aluminiumbronze (Cu, 5% Al)	0,13	0,5 ÷ 1,0	7,5 ÷ 3,5	8,4
Aluminiumbronze (Cu, 10% Al)	0,29	0,5 ÷ 1,0	3,5	7,65
Messingdraht (30% Zn)	0,085 ÷ 0,065	1,2 ÷ 2,0	12 ÷ 15	8,3
Platinrhodium (10% Rh)	0,20	1,0 ÷ 1,7	5	21,6
Platinsilber (20% Pt)	0,20	0,2 ÷ 0,3	5	21,6
Manganin (84 Cu + 12 Mn + 4Ni)	0,41 ÷ 0,46	— 0,003 ÷ + 0,01	2,3 ÷ 2,35	8,4 ÷ 8,43
Konstantan (Cu, Ni)	0,47 ÷ 0,488	— 0,03 ÷ — 0,005	2,1 ÷ 2,05	8,8
Nickelin (Cu, Ni)	0,33 ÷ 0,43	0,053 ÷ 0,019	3,0 ÷ 2,4	8,87 ÷ 8,88
Rheotan (Cu, Ni, Zn)	0,47	0,23	2,1	8,55
Neusilber (Cu, Ni, Zn)	0,36 ÷ 0,38	0,073 ÷ 0,072	2,7	8,77
Kruppin (Fe, Ni)	0,85 ÷ 0,86	0,7	1,19	8,1

Tafel 87: Einheitswiderstand fester Isolatoren

Material	Einheitswiderstand Megohm/cm	Gleichstrom-Spannung für 1 mm Dicke	Luft-Temperat. °C	Luft-feuchtigkeit %
Zelluloid, weiß	71 000 ÷ 79 000	3960 ÷ 2040	16	70
Fensterglas ...	$6{,}6.10^6$ ÷ $8{,}2.10^6$	690 ÷ 405	17 ÷ 19	70 ÷ 48
Glimmer......	$2{,}3.10^6$	4000	19	48
Guttapercha ..	450.10^6	—	—	—
Hartgummi ..	3600.10^6	910	17	70
Holzkohle	$0{,}26.10^6$	215	19	48
Linoleum	$1{,}0.10^6$ ÷ $1{,}3.10^6$	572 ÷ 286	16	70
Marmor	435 ÷ 510	66,5 ÷ 33,7	16	70
Mikanit	6500.10^6	1250	19	48
Okonit	620.10^6 ÷ 640.10^6	1880 ÷ 1425	16	70
Paraffin	240.10^6 ÷ 3900.10^6	2860 ÷ 435	17	80 ÷ 70
Preßspan	11 000	940	19	48
Schiefer	0,78	40	16	70
Stabilit.......	24.10^6	361	19	48
Sterlingfirnis .	$26{,}6.10^6$	10 700	16	70
Ton, gebrannt.	13 000	92	19	48
Vulkanfiber...	53	371	19	48

Tafel 88: Einheitswiderstand flüssiger Isolatoren

Material	Einheits-widerstand Megohm/cm	Temperat. °C	Material	Einheits-widerst. Megohm/cm	Temperat. °C
Holzteer........	1 700 000 000	18	Benzin	14 000 000	18
Rohes Ozokerit ..	450 000 000	18	Schwer. Paraffinöl ..	8 000 000	18
Stearinsäure	350 000 000	18	Olivenöl	1 000 000	18
Paraffinwachs ...	110 000 000	18	Benzol	1 300	18

Tafel 89: Spez. Leitvermögen von Lösungen bei 18° C.

Lösung	KCl	NH_4Cl	NaCl	Na_2CO_3	$MgSO_4$	$ZnSO_4$	H_2SO_4	$CuSO_4$	HNO_3	HCl	KOH
5	0,069	0,092	0,067	0,045	0,026	0,019	0,209	0,019	0,258	0,395	0,172
10	136	178	121	70	41	32	392	32	461	630	315
15	202	259	164	84	48	42	543	42	613	745	425
20	268	337	196		48	47	653		711	762	499
25		403	214		42	48	717		770	723	540
30						44	740		785	662	542
35							724		769	591	509
40							680		733	515	450
50							541		631		
60							373		513		
70							216		396		
80							111		267		
Größtwert					49	48	740		785	767	544
bei %					17,4	23,5	30,0		29,7	18,3	20,8

Formeln für die Übergangswiderstände von Erdleitungen im unbegrenzten Medium:

1. Kugel mit dem Durchmesser d.

$$R_ü = \frac{\varrho}{2\,d\,\pi}.$$

2. Kreisförmige Platte mit dem Durchmesser d.

$$R_ü = \frac{\varrho}{4\,d}.$$

3. Zylindrische Walze mit dem Durchmesser d und der Länge $n \cdot$ d.

$$R_ü = \frac{\varrho}{d\pi}\,\frac{\ln 2\,n}{2\,n}.$$

4.07 Kirchhoffsche Gesetze

Die Kirchhoffschen Gesetze handeln über Stromverzweigungen.

1. Gesetz:

Für jeden Verzweigungspunkt ist die Summe der zufließenden gleich der Summe der abfließenden Ströme, oder die algebraische Summe aller Ströme ist gleich 0.

$$\Sigma(I) = 0.$$

2. Gesetz:

Bei verzweigten Stromkreisen, in denen mehrere elektromotorische Kräfte wirken, ist für jeden einzelnen Schließungskreis die algebraische Summe der elektromotorischen Kräfte gleich der algebraischen Summe der Produkte aus den Stromstärken und den zugehörigen Widerständen.

$$\Sigma(U) = \Sigma(I\,R).$$

Auf diesen Sätzen beruht die Theorie der Stromverzweigung.

1. Parallelschaltung:

$$I = I_1 + I_2 + I_3 + \ldots = \Sigma(I),$$

$$I_1 : I_2 : I_3 \ldots = \frac{1}{R_1} : \frac{1}{R_2} : \frac{1}{R_3} \ldots$$

Kombinationswiderstand: Der resultierende Widerstand

R_c berechnet sich aus der Formel

$$\frac{1}{R_c} = \sum\left(\frac{1}{R}\right) = \frac{1}{R_1} + \frac{1}{R_2} + \frac{1}{R_3} \cdots$$

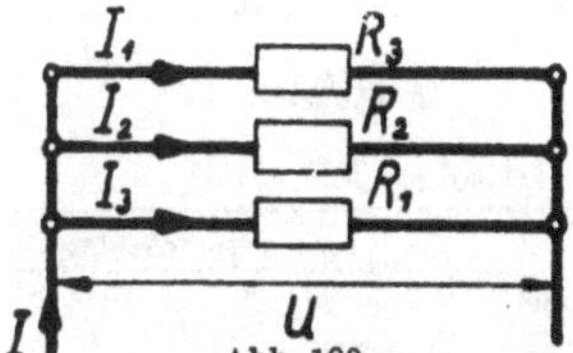

Abb. 109,

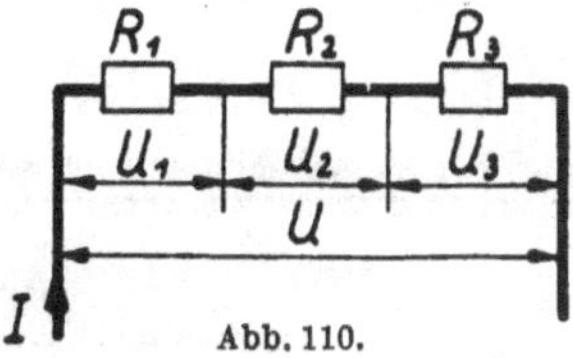

Abb. 110.

2. Hintereinander-(Folge-)Schaltung:

$$U = U_1 + U_2 + U_3 \ldots = \Sigma(U)$$

$$U_1 : U_2 : U_3 \ldots = R_1 : R_2 : R_3 \ldots$$

Kombinationswiderstand:

$$R_c = \Sigma(R) = R_1 + R_2 + R_3 \ldots$$

4.08 Joulesches Gesetz

Wird durch einen Leiter mit einem Widerstand R [Ohm] ein Strom I [Amp] während t Sekunden geschickt, so entsteht in ihm eine Wärmemenge

$$Q = 0{,}24\, I\, U\, t = 0{,}24\, I^2\, R\, t \text{ [cal]},$$

wobei die vom Strome geleistete Arbeit $= U\, I\, t = I^2\, R\, t$ [Joule] in Form von Wärme zum Ausdruck kommt. Demnach ist die elektrische Leistung (Effekt)

$$N = U \cdot I = I^2 \cdot R \text{ [Watt]}.$$

4.09 Faradaysches Gesetz

Ein Strom I scheidet in der Zeit t beim Durchgang durch ein elektrolytisches Bad eine Menge

$$m = k\, a\, I\, t \text{ [p]}$$

aus. Hierin bedeutet a das chemische Äquivalent, welches sich aus Atomgewicht A und Wertigkeit n (Wasserstoff $H = 1$) zusammensetzt:

$$a = \frac{A}{n};$$

für t in s ist $k = 1{,}0363 \cdot 10^{-5}$,
t in min ist $k = 0{,}6218 \cdot 10^{-3}$,
t in h ist $k = 0{,}3731 \cdot 10^{-1}$;
da 1 Amperesekunde $= Q = 1$ Coulomb ist, so ergibt sich

$$m = 1{,}0363 \cdot 10^{-5} \cdot \frac{A}{n}\, Q \text{ [p/s]}.$$

Tafel 90: Ausscheidungen im elektrolytischen Bad

Stoff	A abgerundet	n	1 Ampere scheidet aus in 1 s mp	in 1 h p
Aluminium	27	3	0,093	0,335
Antimon	120	3	0,414	1,492
Blei	206,5	2	1,073	3,865
Brom	80	1	0,828	2,981
Chlor	35,4	1	0,367	1,322
Chrom	52,5	2	0,273	0,983
Chrom	52,5	3	0,182	0,655
Eisen	56	2	0,290	1,045
Eisen	56	3	0,193	0,696
Gold	196	3	0,681	2,452
Kalium	39	1	0,405	1,459
Kalzium	40	2	0,207	0,746
Kupfer	63,2	1	0,659	2,317
Kupfer	63,2	2	0,329	1,185
Magnesium	24	2	0,126	0,454
Mangan	55	2	0,284	1,022
Mangan	55	3	0,190	0,684
Natrium	23	1	0,239	0,860
Nickel	58,6	2	0,304	1,094
Nickel	58,6	3	0,202	0,729
Platin	194	4	0,506	1,820
Quecksilber	200	1	2,079	7,484
Quecksilber	200	2	1,039	3,742
Sauerstoff	16	2	0,083	0,299
Schwefel	32	2	0,166	0,598
Silber	108	1	1,118	4,025
Wasserstoff	1	1	0,010	0,037
Wismut	207	3	0,721	2,597
Zink	65	2	0,338	1,219
Zinn	117,4	2	0,615	2,214
Zinn	117,4	4	0,307	1,107

4.10 Atomgewichte und chemische Konstanten der wichtigsten Elemente

(Nach den chemischen Zeichen geordnet.)

Tafel 91

Zeichen	Name	Atomgewicht	Valenz	Äquivalentgewicht	Zeichen	Name	Atomgewicht	Valenz	Äquivalentgewicht
Ag	Silber	107,9	1	107,9	K	Kalium ...	39,1	1	39,1
Al	Aluminium	27,0	3	9,03	Mg	Magnesium	24,32	2	12,16
As	Arsen......	74,9	3	25,0	Mn	Mangan ...	54,9	2	27,5
Au	Gold	197,2	3	65,73	Mo	Molybdän .	95,9	5	19,2
B	Bor	10,8	3	3,67	N	Stickstoff ..	14,01	3	4,67
Bi	Wismut ...	209,0	3	69,33	Na	Natrium ...	23,0	1	23,0
Br	Brom	79,91	1	79,91	Ni	Nickel	58,7	2	29,35
C	Kohlenstoff	12,0	4	3,0	O	Sauerstoff .	16,0	2	8,0
Ca	Kalzium ...	40,1	2	20,05	P	Phosphor ..	31,0	3	10,33
Cd	Kadmium ..	112,4	2	56,2	Pb	Blei	207,2	2	103,51
Cl	Chlor	35,45	1	35,45	Pt	Platin	195,2	4	48,7
Co	Kobalt	59,0	2	29,5	R	Radium....	226	2	113,0
Cr	Chrom	52,01	3	17,37	S	Schwefel ..	32,06	2	16,03
Cu	Kupfer	63,6	1 u. 2	63,6 u. 31,8	Sb	Antimon ..	121,7	3	40,6
Fl	Fluor	19,0	1	19,0	Si	Silizium ...	28,06	4	7
Fe	Eisen	55,84	2 u. 3	27,95 u. 18,63	Sn	Zinn......	118,7	2 u. 4	59,5 u. 29,75
H	Wasserstoff.	1,008	1	1	Ta	Tantal	181	5	36,2
He	Helium	4,0	—	—	Ti	Titan	47,9	4	12,0
Hg	Quecksilber	200,6	1 u. 2	200 u. 100	V	Vanadium..	50,9	5	10,2
Ir	Iridium ...	193,1	4	47,89	W	Wolfram ..	184	5	36,8
J	Jod	126,92	1	126,92	Zn	Zink.......	65,4	2	32,7

4.11 Kapazität (Kondensator)

Unter der Kapazität C eines Kondensators versteht man den Quotienten aus der auf ihm befindlichen Elektrizitätsmenge Q und der ladenden elektromotorischen Kraft U

$$C = \frac{Q}{U} \text{ [Farad]}.$$

Die Ladung Q_t eines Kondensators C ist nach t s bei einer ladenden elektromotorischen Kraft U durch einen Widerstand R

$$Q_t = C\,U\left(1 - e^{-\frac{t}{CR}}\right).$$

Der Ladungsrückstand Q_r beträgt bei Schließung des Kondensators durch den Widerstand R nach t s

$$Q_r = C\,U\,e^{-\frac{t}{CR}}.$$

In beiden Formeln bedeutet e die Basis der nat. Logarithmen $= 2{,}71828$.

Die in dem Kondensator aufgespeicherte Arbeit, ausgedrückt durch die Kapazität und Spannung, beträgt

$$A = \tfrac{1}{2}\,C\,U^2.$$

Parallelschaltung von Kondensatoren: Resultierende Kapazität

$$C_r = C_1 + C_2 + C_3 + \ldots = \Sigma(C).$$

Folgeschaltung von Kondensatoren: Resultierende Kapazität

$$\frac{1}{C_r} = \frac{1}{C_1} + \frac{1}{C_2} + \frac{1}{C_3} \cdots = \sum\left(\frac{1}{C}\right).$$

Im folgenden sind die Kapazitäten mehrerer Kondensatorformen verzeichnet:

1. Kugel vom Radius r cm

$$C = \varepsilon\, r \text{ [cm]}.$$

2. Zylinder vom Radius r cm und der Länge l cm

$$C = \varepsilon \frac{l}{2 \ln \frac{l}{r}} \text{ [cm]}.$$

3. 2 parallele Zylinder (Leitungen) im Abstande a cm

$$C = \varepsilon \frac{l}{4 \ln \left(\frac{a}{r}\right)} \text{ [cm]}.$$

4. 2 konzentrische Zylinder mit den Radien r_1 und r_2 und der Länge l cm

$$C = \varepsilon \frac{l}{2 \ln \left(\frac{r_1}{r_2}\right)} \text{ [cm]}.$$

5. 2 parallele Flächen von F cm² im Abstande a cm

$$C = \varepsilon \frac{F}{4 \pi a} \text{ [cm]}.$$

Um die Kapazität in Mikrofarad zu erhalten, sind die Werte noch durch $9 \cdot 10^5$ zu dividieren.

6. 2 parallele Luftleitungen (Gleichstrom oder Einphasenwechselstrom)

$$C = \frac{0{,}01207}{\log \left(\frac{d}{r}\right)} \mu F \text{ für 1 km}$$

d = Achsenabstand in cm,
r = Leiterradius in cm.

7. Drehstromluftleitung (die drei Leiter bilden ein gleichseitiges Dreieck, Nulleiter nicht vorhanden oder in Erde verlegt)

$$C = \frac{0{,}02414}{\log \frac{d}{r}} \mu F \text{ für 1 km}$$

d = Achsenabstand in cm,
r = Leiterradius in cm.

8. Einadriges Kabel (Seele gegen Mantel)

$$C = \varepsilon \frac{1}{9} \frac{1}{2 \ln \frac{r_i}{r}} \mu F \text{ für 1 km,}$$

r = Leiterradius in cm,
r_i = innerer Mantelradius in cm.

9. Zweileiterkabel (Mantel geerdet)

$$C = \varepsilon \frac{1}{9} \frac{1}{4 \ln \left[\frac{2a}{r} \cdot \frac{(r_i^2 - a^2)}{r_i^2 + a^2}\right]} \mu F \text{ für 1 km.}$$

10. Drehstromkabel (Mantel geerdet)

$$C = \varepsilon \frac{1}{9} \frac{1}{\ln \left[\frac{3a^2}{r^2} \cdot \frac{(r_i^2 - a^2)^3}{r_i^6 - a^6}\right]} \mu F \text{ für 1 km.}$$

a = Abstand der Leiterachsen von Kabelachse in cm.

Tafel 92: Werte für ε bezogen auf das Vakuum.

Material	ε
Ebonit	2,0 ÷ 3,0
Flintglas	6,61 ÷ 9,90
Glimmer	4 ÷ 8
Guttapercha	2,8 ÷ 4,2
Kautschuk, rein	2,12
Kautschuk, vulkanisiert	2,69
Kolophonium	2,55
Luft 1 mm Hg-Druck	0,94
Luft 5 mm Hg-Druck	0,9985
Ozokerit, Schmieröl	2,16
Papier	1,8 ÷ 2,6
Paraffin fest	1,9 ÷ 2,2
Petroleum	2,0 ÷ 2,3
Porzellan (Gleichstrom)	5,3
Porzellan (Wechselstrom)	4,4
Rapsöl	2,3
Rüböl	3

noch Tafel 92

Material	ε
Mineralöl } Transformatorenöl	2,22
Harzöl } Transformatorenöl	2,45
Schellack	2,6 ÷ 3,7
Schwefel	2,42
Kabelisolation (imprägniertes Papier oder Jute)	4,31
Terpentinöl	2,2
Wasser	~80

4. 12 Durchschlagwiderstand

Tafel 93: Effektivwerte bei sinusförmiger Wechselspannung und beim Durchschlag zwischen Platten.

Material	Volt/mm
Reiner Hartgummi	10 000 ÷ 38 000
Glimmer	17 500 ÷ 28 500
Weichgummi	18 500
Stabilit	9000 ÷ 17 500
Paraffin	11 500
Wachs	11 500
Kolophonium	11 000
Hartporzellan	9000 ÷ 10 500
Gewöhnliches Porzellan	7500 ÷ 9500
Gewöhnliches Glas	8000 ÷ 9000
Marmor	6500

Tafel 94: Durchschlagentfernung in mm bei sinusförmigem Wechselstrom.

Elektroden	Kugeln 20mm Ø	Spitze und Platte	Hörner	Platten			Spitze und Platte			
Stoff / Volt	Luft			Glimmer	Porzellan	Paraffin	Par.-Öl	Harz.-Öl	Riz.-Öl	Rüb-Öl
10 000	5	10	3	0,085	0,7	—	4	3	4	4
20 000	10	24	8	0,215	1,5	—	9	8	10	9
40 000	32	58	25	0,55	3,5	1,5÷3,0	20	22	26	22
60 000	80	104	64	0,98	5,9	3,0÷6,5	36	38	52	39
100 000	229	230	200	—	11,2	10,5÷16,0	73	73	106	78
140 000	390	390	380	—	—	—	111	113	174	134

4. 13 Batterien

Tafel 95 **1. Galvanische Elemente**

Name	Lösungs-elektrode	Lösungsflüssigkeit	Ableitungs-elektrode	Depolarisierende Körper	Elektromot. Kraft. Volt
Daniell*	amalg. Zink	Schwefelsäure 1 : 12	Kupfer	Kupfervitriol, gesättigt	0,95 ÷ 1,05 (Daniell*, alle drei)
Daniell*	amalg. Zink	Schwefelsäure 1 : 4	Kupfer	Kupfervitriol, gesättigt	
Daniell*	amalg. Zink	Zinkvitriol	Kupfer	Kupfervitriol	
Siemens	amalg. Zink	Papiermasse mit Schwefelsäure	Kupfer	Kupfervitriol	0,9 ÷ 1,1
Krüger	Zink	Zinkvitriol	verkupf. Bleiplatte	Kupfervitriol	1,008
Meidinger	amalg. Zink	Bittersalzlösung, gesättigt	Blei	Kupfervitriol, gesättigt	0,95 ÷ 1,35
Grove*	amalg. Zink	Schwefelsäure 1 : 12	Platin	Salpetersäure, spez. Gew. 1,33	1,8
Bunsen*	Zink	Schwefelsäure 1 : 12	Kohle	rauchende Salpetersäure	1,9
Bunsen	Zink	Schwefelsäure 1 : 17	Kohle	12 G.-T. Kaliumbichromat 25 „ Schwefelsäure 100 „ Wasser	2 ÷ 2,2
Bunsen	amalg. Zink	16 G.-T. Kaliumbichromat 37 „ reine Schwefelsäure 100 „ Wasser	Kohle	16 G.-T. Kaliumbichromat 37 „ reine Schwefelsäure 100 „ Wasser	2,3
Leclanché	amalg. Zink	Salmiaklösung	Kohle mit Braunstein	Salmiaklösung	1,47
Lalande u. Chaperon	Zink	Kalilauge oder Pottaschelösung 30 ÷ 40%	Eisen	—	1,0

* Mit Tonzelle.

2. Normalelement von Weston

Von + 5 ÷ 25° C ist $U = 1{,}0190$ [Volt].

3. Akkumulatoren.

Zur Füllung dient Schwefelsäure vom spez. Gewicht 1,18 ÷ 1,25.

Die Ladestromstärke beträgt ca. 0,7 ÷ 1,3 A pro 1 dm² Plattenoberfläche.

Die Entladestromstärke beträgt ca. 0,75 ÷ 1,5 A pro 1 dm² Plattenoberfläche.

4. 14 Leitungen

Tafel 96: Installationsleitungen

Querschnitt mm²	Widerstand der Einfachleitung $\frac{\text{Ohm}}{1000\ \text{m}}$	Gewicht $\frac{\text{kp}}{1000\ \text{m}}$	Für geschlossene Räume: höchste zul. Stromstärke Amp.	Für geschlossene Räume: Normalstrom der Abschmelzsicherung
0,75	23,333	6,68	9	6
1	17,500	8,91	11	6
1,5	11,667	13,37	14	10
2,5	7,000	22,28	20	15
4	4,375 0	35,65	25	20
6	2,9167	53,48	31	25
10	1,7500	89,13	43	35
16	1,09375	142,6	75	60
25	0,7000	222,8	100	80
35	0,5000	311,9	125	100
50	0,3500	445,6	160	125
70	0,2500	623,9	200	160
95	0,18421	846,7	240	190
120	0,14584	1069,5	280	225
150	0,11667	1336,9	325	260
185	0,09460	1649	380	300
240	0,07272	2139	450	360
310	0,05645	2763	540	430
400	0,04375	3565	640	500
500	0,03500	4456	760	600
625	0,02800	5570	880	700
800	0,02187	7130	1050	850
1000	0,01750	8913	1250	1000

Die Berechnung der Leitungen geschieht:
1. auf Erwärmung,
2. auf größten Spannungsverlust,
3. auf Wirtschaftlichkeit.

Tafel 97: Zulässige Belastung von Kabeln in Ampere

Querschnitt	Einleiterkabel bis 700 Volt	Zweileiterkabel bis		Verseilte Dreileiterkabel bis		Verseilte Vierleiterkabel bis		Konzentrische	
mm²		3000 Volt	10000 Volt	3000 Volt	10 000 Volt	3000 Volt	10 000 Volt	Zweileiterkabel bis 3000 Volt	Dreileiterkabel bis 3000 Volt
1	24	—	—	—	—	—	—	—	—
1,5	31	—	—	—	—	—	—	—	—
2,5	41	—	—	—	—	—	—	—	—
4	55	42	—	37	—	34	—	—	—
6	70	53	—	47	—	43	—	—	—
10	95	70	65	65	60	57	55	70	55
16	130	95	90	85	80	75	70	90	75
25	170	125	115	110	105	100	95	120	100
35	210	150	140	135	125	120	115	145	120
50	260	190	175	165	155	150	140	180	150
70	320	230	215	200	190	185	170	220	185
95	385	275	255	240	225	220	205	270	220
120	450	315	290	280	260	250	240	310	255
150	510	360	335	315	300	290	275	360	290
185	575	405	380	360	340	330	310	405	330
240	670	470	—	420	—	385	—	470	385
310	785	545	—	490	—	445	—	550	455
400	910	635	—	570	-	—	—	645	530
500	1035	—	—	—	—	—	—	—	—
625	1190	—	—	—	—	—	—	—	—
800	1380	—	—	—	—	—	—	—	—
1000	1585	—	—	—	—	—	—	—	—

Diese Werte gelten für eine zulässige Erwärmung der Kabel um 25° C.

I. Die Rücksicht auf die zulässige Erwärmung ergibt für jeden Drahtquerschnitt eine bestimmte Belastungsstromstärke. Bei den Werten der Tabelle auf S. 155 bewirken die größten Stromstärken eine Temperaturerhöhung um 20° C. Für die zugehörigen Sicherungen gelten die Zahlen der letzten Reihe.

II. Die Berechnung der Leitungen auf Spannungsverlust geschieht nach folgenden Formeln.

Es bedeuten für Leitungen mit Stromentnahme nur am Endpunkte:

U_1 die Spannung am Anfang der Leitung } in Volt,
U_2 die Spannung am Ende der Leitung }
N_1 die Leistung in Watt, gemessen bei U_1,
N_2 die Leistung in Watt, gemessen bei U_2,
R der Widerstand in Ohm der einfachen Leitung von U_1 bis U_2,
I die Stromstärke in A,
l die Länge der einfachen Leitung in m,
F den Querschnitt der einfachen Leitung in mm²,
φ_1, φ_2 die Phasenverschiebungswinkel bei U_1 bzw. U_2,
ε den Leistungsverlust in sämtlichen Leitungen in % der Leistung N_2.

Der spez. Widerstand des Kupfers sei $0{,}0175 = \frac{1}{57}$.

1. Gleichstrom und einphasiger Wechselstrom mit induktionsfreier Belastung.

Der Spannungsverlust beträgt $U_1 - U_2 = 2\,I\,R$.
Der Leistungsverlust beträgt $N = N_1 - N_2 = 2\,I^2\,R$.
Der Leitungsquerschnitt beträgt $F = \frac{N_2\, 2\, l\, 100}{57\,\varepsilon \cdot U}$ für Kupfer.

2. Einphasiger Wechselstrom mit Induktion.

Der Leitungsquerschnitt beträgt $F = \frac{2\,N_2 \cdot l\, 100}{57\,\varepsilon\, U_2^2 \cos^2 \varphi_2}$ für Kupfer.

Die Leistung berechnet sich aus $N_1 = U_1 I \cos \varphi_1$,

$N_2 = U_2 I \cos \varphi_2$.

Der Leistungsverlust ist $N = 2 I^2 r$.

3. Drehstrom.

Der Leitungsquerschnitt beträgt $F = \dfrac{N_2 l\, 100}{57\, \varepsilon\, U_2^2 \cos^2 \varphi_2}$ für Kupfer.

Die Leistung berechnet sich aus $N_1 = U_1 I \cos \varphi_1 \sqrt{3}$,

$N_2 = U_2 I \cos \varphi_2 \sqrt{3}$.

Der Leistungsverlust ist $N = 3 I^2 r$.

Tafel 98: Vergleichende Zusammenstellung von Kupfer- und Aluminiumdrähten und -Seilen für gleichen Widerstand

Querschnitt mm²		Anzahl der Drähte		Durchmesser der Drähte mm		Gesamtdurchmesser mm		Gewicht kp/1000 m	
Kupf.	Alum.	Kupfer	Alum.	Kupfer	Alum.	Kupfer	Alum.	Kupfer	Alum.
0,5	0,82	1	1	0,798	1,04	0,8	1,04	4,5	2,13
1,0	1,65	1	1	1,128	1,45	1,13	1,45	8,9	4,3
1,5	2,47	1	1	1,382	1,77	1,4	1,77	13,4	6,4
2,0	3,29	1	1	1,546	2,05	1,6	2,05	17,8	8,6
2,5	4,12	1	1	1,783	2,29	1,8	2,29	22,2	10,7
3,0	4,94	1	1	1,955	2,51	1,95	2,51	26,4	12,8
4,0	6,60	1	1	2,258	2,90	2,25	2,90	36,0	17,2
5,0	8,24	1	1	2,522	3,24	2,52	3,24	45,0	21,4
6,0	9,88	1	1	2,762	3,55	2,8	3,55	53,0	25,7
7,0	11,53	1	1	2,986	3,83	3,0	3,83	62,0	30,0
10,0	16,47	1	1	3,565	4,58	3,56	4,58	89,0	43,0
12,5	20,57	1	1	3,990	5,12	4,0	5,12	111,0	54,0
16,0	26,35	1	7	4,520	2,18	4,5	6,50	142,0	69,0
20,0	32,94	1	7	5,048	2,45	5,05	7,40	178,0	86,0
25,0	41,18	1	7	5,640	2,74	5,64	8,20	223,5	107,0
35,0	57,64	7	19	2,522	1,97	7,6	9,85	311,0	150,0
50,0	82,35	19	19	1,831	2,35	9,1	11,75	445,0	214,0
70,0	115,29	19	19	2,163	2,78	10,8	13,40	623,0	300,0
95,0	156,46	19	19	2,522	3,24	12,6	16,18	846,0	407,0
115,0	189,41	19	19	2,780	3,56	13,9	17,80	1023,0	492,0
120,0	197,64	19	19	2,810	3,64	14,2	18,20	1068,0	514,0
125,0	205,80	19	19	2,905	3,71	14,5	18,55	1113,0	535,0
130,0	214,10	19	19	2,960	3,79	14,8	18,95	1157,0	557,0
140,0	230,58	19	19	3,070	3,93	15,5	19,65	1246,0	600,0
150,0	247,05	19	19	3,180	4,07	16,0	20,35	1335,0	642,5

4.15 Wechselstromkreise

Für die Formeln der Wechselstromkreise gelten folgende Bezeichnungen:

R Widerstand in Ohm, (induktionsfrei)
L Induktivität in Henry
C Kapazität in Farad
e Momentanwerte der Spannung in Volt
U Effektivwerte der Spannung in Volt
$e_0 = U\sqrt{2}$ Größtwerte der Spannung in Volt
i Momentanwerte der Stromstärke in Ampere,
I Effektivwerte der Stromstärke in Ampere,
$i_0 = I\sqrt{2}$ Größtwerte der Stromstärke in Ampere
$f =$ Anzahl der Schwingungen in 1 s $(2\pi f = \omega)$
φ Phasenverschiebungswinkel,
t Zeit in s,

dann ist $e = e_0 \sin(\omega t)$

und $i = i_0 \sin(\omega t)$.

1. Ohmscher Widerstand (induktionsfrei). Abb. 111.

$$e = i R = e_0 R \sin(\omega t) = i_0 \sin(\omega t),$$
$$U = I R,$$
$$e_0 = i_0 R.$$

Phasenverschiebung 0.
Leistung $= U \cdot I$.

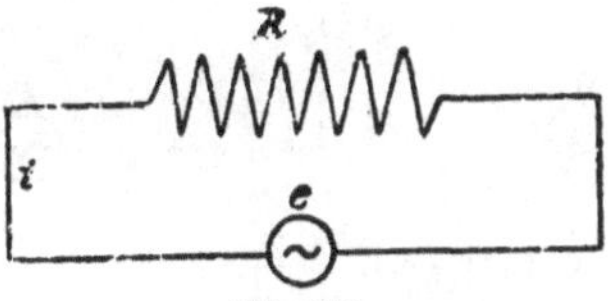

Abb. 111.

2. Ohmscher Widerstand und Selbstinduktion. Abb. 112.

$$e = e_R + e_L = i R + L \frac{di}{dt} = i_0 R \sin(\omega t) + L \frac{d(i_0 \sin \omega t)}{dt},$$

$$e = i_0 R \sin(\omega t) + i_0 L \omega \cos(\omega t)$$
$$e = i \sqrt{R^2 + \omega^2 L^2} \sin(\omega t + \varphi)$$

$$\operatorname{tg}\varphi = \frac{2\pi \cdot f \cdot L}{R} = \frac{\omega L}{R},$$

$$\sin\varphi = \frac{\omega L}{\sqrt{R^2 + \omega^2 L^2}},$$

$$\cos\varphi = \frac{R}{\sqrt{R^2 + \omega^2 L^2}},$$

$$U = I\sqrt{R^2 + \omega^2 L^2},$$

$$e_o = i^o\sqrt{R^2 + \omega^2 L^2}.$$

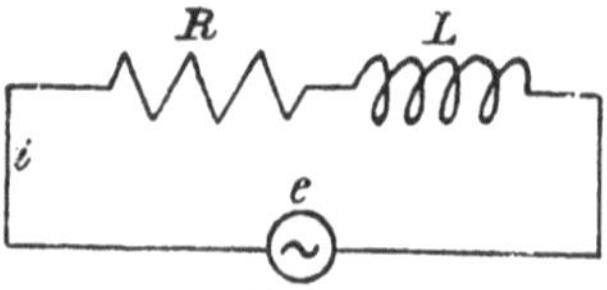

Abb. 112.

Der Strom folgt der Spannung zeitlich um den ∢ φ nach.

Man nennt $\sqrt{R^2 + \omega^2 L^2}$ scheinbaren Widerstand oder Impedanz und ωL induktiven Widerstand oder Reaktanz.

Die Leistung ist $U \cdot I \cos\varphi$ [Watt].

3. Ohmscher Widerstand und Kapazität. Abb. 113.

$$e = e_R + e_C = i_o R \sin(\omega t) + e_C.$$

Es ist (vgl. S. 139)

$$Q = C e_C \qquad \text{oder} \qquad dQ = C\, de_C = i\, dt,$$

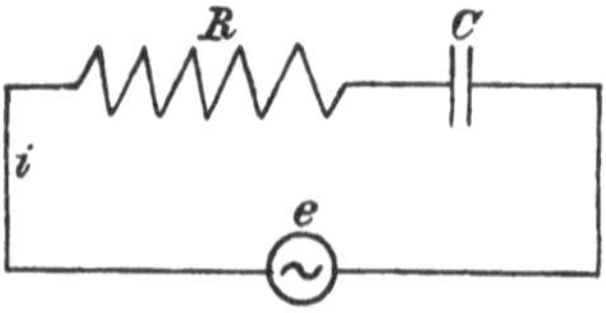

Abb. 113.

mithin ist

$$e_C = \frac{1}{C}\int i_o \sin(\omega t)dt = \frac{i_o}{C\omega}\sin(\omega t - 90),$$

also ist

$$e = i_o R \sin(\omega t) - \frac{i_o}{C\omega}\cos(\omega t)$$

oder

$$e = i_0 \sqrt{R^2 + \left(\frac{1}{C\,\omega}\right)^2} \sin(\omega\, t + \varphi),$$

$$tg\,\varphi = -\,i_0\, C\, \omega,$$

$$\cos\varphi = \frac{R}{\sqrt{R^2 + \left(\frac{1}{C\,\omega}\right)^2}}.$$

Der Strom eilt der Spannung zeitlich um den $\sphericalangle\ \varphi$ vor

$$U = I \sqrt{R^2 + \left(\frac{1}{C\,\omega}\right)^2},$$

$$e_0 = i_0 \sqrt{R^2 + \left(\frac{1}{C\,\omega}\right)^2}.$$

$\frac{1}{C\,\omega}$ heißt Kapazitätsreaktanz.

Die Leistung berechnet sich zu $U\,I \cos\varphi$ [Watt].

Ist R zu vernachlässigen, so wird $\varphi = 90^0$ und $I = U\,C\omega$.

4. Ohmscher Widerstand, Kapazität und Selbstinduktion. Abb. 114.

$$e = e_R + e_L + e_C = i_0\, R \sin(\omega\, t)$$

$$+\, i_0\, \omega\, L \cos(\omega\, t) - \frac{i_0}{C\,\omega} \cos(\omega\, t),$$

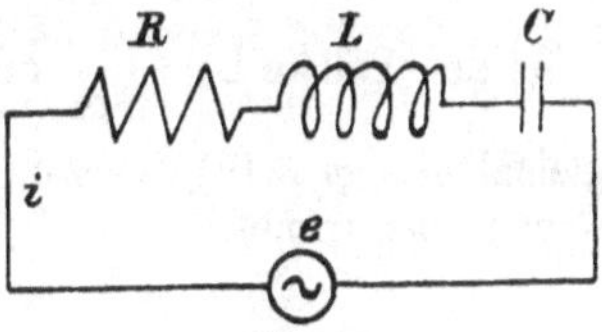

Abb. 114.

$$e = i_0 \sqrt{R^2 + \left(\omega\, L - \frac{1}{C\,\omega}\right)^2} \sin(\omega\, t + \varphi),$$

$$\operatorname{tg}\varphi = \frac{\omega L - \frac{1}{C\omega}}{R},$$

$$\cos\varphi = \frac{R}{\sqrt{R^2 + \left(\omega L - \frac{1}{C\cdot\omega}\right)^2}}.$$

$$\sin\varphi = \frac{\omega L - \frac{1}{C\omega}}{\sqrt{R^2 + \left(\omega L - \frac{1}{C\omega}\right)^2}},$$

$$U = I\sqrt{R^2 + \left(\omega L - \frac{1}{C\omega}\right)^2} \text{ [Volt]}$$

$$e_o = i_o\sqrt{R^2 + \left(\omega L - \frac{1}{C\omega}\right)^2} \text{ [Volt]}.$$

Man nennt $\left(\omega L - \frac{1}{C\omega}\right)$ totale Reaktanz und

$$\sqrt{R^2 + \left(\omega L - \frac{1}{C\omega}\right)^2}$$

scheinbaren Widerstand oder Impedanz.

Ist der Wert der totalen Reaktanz und φ positiv, so eilt der Strom der Spannung nach; sind beide negativ, so eilt er vor. Für den Fall $\omega L = \frac{1}{C\omega}$ oder $\omega = \frac{1}{\sqrt{CL}}$ besteht Phasengleichheit: $\varphi = 0$. Dieser Zustand wird als Spannungsresonanz bezeichnet.

Anhang

Maße und Gewichte von Deutschland, England und Vereinigten Staaten von Amerika

Tafel 99: Umrechnung zwischen metrischen, englischen und amerikanischen Maßen und Gewichten

Längenmaße	inch	foot	yard	naut. mile	cm	m
1 inch (Zoll)	1	0,0833	0,0278	–	2,540	0,0254
1 foot (Fuß)	12	1	0,333	–	30,48	0,3048
1 yard	36	3	1	–	91,44	0,9144
1 naut. mile	72960	6080	2027	1	–	1853
1 cm (Zentimeter)	0,3937	0,0328	–	–	1	0,01
1 m (Meter)	39,37	3,281	1,094	–	100	1

Flächenmaße	sq. inch	sq. foot	sq. yard	acre	cm²	m²
1 square inch	1	–	–	–	6,452	–
1 square foot	144	1	0,1111	–	929	0,0929
1 square yard	1296	9	1	–	8361	0,8361
1 acre	–	43640	4840	1	–	4050
1 cm²	0,155	–	–	–	1	0,0001
1 m² (Quadratmeter)	1550	10,76	1,196	–	10000	1

Raummaße	cu. inch	cu. foot	cu. yard	U.S. gallon	cm³	dm³
1 cubic inch	1	–	–	–	16,39	0,0164
1 cubic foot	1728	1	0,0370	7,481	–	28,32
1 cubic yard	46656	27	1	202	–	764,6
1 U.S. gallon	231	0,1337	–	1	3785	3,785
1 cm³	0,061	–	–	–	1	0,001
1 dm³	61,02	0,035	–	0,2642	1000	1

Gewichte	lb	U.S. cwt	Brit. cwt	U.S. t	Brit. t	kp
1 pound	1	0,01	0,009	–	–	0,454
1 short hundredweight (U.S. cwt)	100	1	0,8929	0,05	0,0446	45,36
1 long hundredweight (Brit. cwt)	112	1,12	1	0,056	0,05	50,8
1 short ton (U.S.)	2000	20	17,841	1	0,8929	907,2
1 long ton (Brit.)	2240	11,20	20	1,120	1	1016
1 kp (Kilogramm)	2,205	0,022	0,020	0,0011	0,00098	1

Drücke oder Belastungen:

1 lb per sq. inch (Pfund per Quadratzoll) = 0,0007031 kp/mm²

1 ton per sq. inch = 2240 lbs/sq. inch = 1,5748645 kp/mm²

Register

HANS W. SCHLEIDEN

Tabellenbuch zur Umrechnung metrischer Maße in englische Maße

Tables for the Conversion metric system of measurement of the British System

Oktav. VIII, 298 Seiten. 1961.
Kunststoffeinband DM 38,–

Im Verkehr mit englisch sprechenden Ländern ist es unerläßlich, englische Maße in metrische Maße umzurechnen bzw. eine umgekehrte Rechnung vorzunehmen. Die Verschiedenheit der beiden Systeme ist schon oft von beiden Seiten bedauert worden. Sowohl der Ingenieur wie der Kaufmann muß dieses Nebeneinander als unabänderlich hinnehmen. Zahlreiche Tabellenwerke sind zusammengestellt worden, um dem Benutzer die zeitraubende Arbeit für die Umrechnung zu ersparen und Fehlerquellen bei der Umrechnung auszuschalten.

Es wird hier ein neues Tabellenwerk vorgelegt, dessen Berechtigung darin zu sehen ist, daß jetzt sämtliche Werte beider Systeme von 1—1000 aufgeführt und sofort ablesbar sind. Damit wird dem Benutzer die Ermittlung vieler Werte erleichtert.

TECHNISCHER VERLAG HERBERT CRAM · BERLIN

GESAMTVERZEICHNIS

der

SAMMLUNG GÖSCHEN

Jeder Band DM 3,60 · Doppelband DM 5,80

Februar 1962

WALTER DE GRUYTER & CO., BERLIN W 30

Inhaltsübersicht

Geisteswissenschaften

Philosophie

Einführung in die Philosophie von *H. Leisegang †*. 4. Auflage. 145 Seiten. 1960. (281)

Hauptprobleme der Philosophie von *G. Simmel †*. 7., unveränderte Auflage. 177 Seiten. 1950. (500)

Geschichte der Philosophie

I: Die griechische Philosophie von *W. Capelle*. 1. Teil. Von Thales bis Leukippos. 2., erweiterte Auflage. 135 Seiten. 1953. (857)

II: Die griechische Philosophie von *W. Capelle*. 2. Teil. Von der Sophistik bis zum Tode Platons. 2., stark erweiterte Auflage. 144 Seiten. 1953. (858)

III: Die griechische Philosophie von *W. Capelle*. 3. Teil. Vom Tode Platons bis zur Alten Stoa. 2., stark erweiterte Auflage. 132 Seiten. 1954. (859)

IV: Die griechische Philosophie von *W. Capelle*. 4. Teil. Von der Alten Stoa bis zum Eklektizismus im 1. Jh. v. Chr. 2., stark erweiterte Auflage. 132 Seiten. 1954. (863)

V: Die Philosophie des Mittelalters von *J. Koch*. In Vorbereitung. (826)

VI: Von der Renaissance bis Kant von *K. Schilling*. 234 Seiten. 1954. (394/394 a)

VII: Immanuel Kant von *G. Lehmann*. In Vorbereitung. (536)

VIII: Die Philosophie des 19. Jahrhunderts von *G. Lehmann*. 1. Teil. 151 Seiten. 1953. (571)

IX: Die Philosophie des 19. Jahrhunderts von *G. Lehmann*. 2. Teil. 168 Seiten. 1953. (709)

X: Die Philosophie im ersten Drittel des 20. Jahrhunderts 1. Teil von G. *Lehmann*. 128 Seiten. 1957. (845)

XI: Die Philosophie im ersten Drittel des 20. Jahrhunderts 2. Teil von *G. Lehmann*. 114 Seiten. 1960. (850)

Die geistige Situation der Zeit (1931) von *K. Jaspers*. 5., unveränderter Abdruck der im Sommer 1932 bearbeiteten 5. Auflage. 211 Seiten. 1960. (1000)

Erkenntnistheorie von *G. Kropp*.

I. Teil: Allgemeine Grundlegung. 143 Seiten. 1950. (807)

Formale Logik von *P. Lorenzen*. 2. Auflage. 165 Seiten. 1962. In Vorbereitung. (1176/1176 a)

Philosophisches Wörterbuch von *M. Apel †*. 5., völlig neubearbeitete Auflage von *P. Ludz*. 315 Seiten. 1958. (1031/1031 a)

Philosophische Anthropologie. Menschliche Selbstdeutung in Geschichte und Gegenwart von *M. Landmann*. 266 Seiten. 1955. (156/156 a)

Pädagogik, Psychologie, Soziologie

Geschichte der Pädagogik von *Herm. Weimer*. 15., neubearbeitete und vermehrte Auflage von *Heinz Weimer*. 181 Seiten. 1962. (145)

Therapeutische Psychologie. Ihr Weg durch die Psychoanalyse von *W. M. Kranefeldt*. Mit einer Einführung von *C. G. Jung*. 3. Auflage. 152 Seiten. 1956. (1034)

Allgemeine Psychologie von *Th. Erismann.* 3 Bände. 2., neubearbeitete Anflage.
I: Grundprobleme. 146 Seiten. 1958. (831)
II: Grundarten des physischen Geschehens. 248 Seiten. 1959. (832/832 a)
III: Psychologie der Persönlichkeit. Etwa 306 Seiten, 26 Abbildungen. 1962. (833/833 a)

Soziologie. Geschichte und Hauptprobleme von *L. von Wiese.* 6. Auflage. 175 Seiten. 1960. (101)

Ideengeschichte der sozialen Bewegung des 19. und 20. Jh. von *W. Hofmann.* 1962. In Vorbereitung. (1205)

Sozialpsychologie von *P. R. Hofstätter.* 181 Seiten, 15 Abbildungen, 22 Tabellen. 1956. (104/104 a)

Psychologie des Berufs- und Wirtschaftslebens von *W. Moede †.* 190 Seiten, 48 Abbildungen. 1958. (851/851 a)

Industrie- und Betriebssoziologie von *R. Dahrendorf.* 2. Auflage. 136 Seiten, 3 Figuren. 1962. (103)

Religion

Jesus von *M. Dibelius †.* 3. Auflage, mit einem Nachtrag von *W. G. Kümmel.* 140 Seiten. 1960. (1130)

Paulus von *M. Dibelius †.* Nach dem Tode des Verfassers herausgegeben und zu Ende geführt von *W. G. Kümmel.* 2., durchgesehene Auflage. 155 Seiten. 1956. (1160)

Luther von *F. Lau.* 151 Seiten. 1959. (1187)

Melanchthon von *R. Stupperich.* 139 Seiten. 1960. (1190)

Einführung in die Konfessionskunde der orthodoxen Kirchen von *K. Onasch.* 291 Seiten. 1962. (1197/1197 a)

Geschichte des christlichen Gottesdienstes von *W. Nagel.* In Vorbereitung. (1202)

Geschichte Israels. Von den Anfängen bis zur Zerstörung des Tempels (70 n. Chr.) von *E. L. Ehrlich.* 158 Seiten, 1 Tafel. 1958. (231/231 a)

Römische Religionsgeschichte von *F. Altheim.* 2 Bände. 2., umgearbeitete Auflage.
I: Grundlagen und Grundbegriffe. 116 Seiten. 1956. (1035)
II: Der geschichtliche Ablauf. 164 Seiten. 1956. (1052)

Musik

Musikästhetik von *H. J. Moser.* 180 Seiten. Mit zahlreichen Notenbeispielen. 1953. (344)

Systematische Modulation von *R. Hernried.* 2. Auflage. 136 Seiten. Mit zahlreichen Notenbeispielen. 1950. (1094)

Der polyphone Satz von *E. Pepping.* 2 Bände.
I: Der cantus-firmus-Satz. 2. Auflage. 223 Seiten. Mit zahlreichen Notenbeispielen. 1950. (1148)
II: Übungen im doppelten Kontrapunkt und im Kanon. 137 Seiten. Mit zahlreichen Notenbeispielen. 1957. (1164/1164 a)

Allgemeine Musiklehre von *H. J. Moser.* 2., durchgesehene Auflage. 155 Seiten. Mit zahlreichen Notenbeispielen. 1955. (220/220 a)

Harmonielehre von *H. J. Moser.* 2 Bände.
I: 109 Seiten. Mit 120 Notenbeispielen. 1954. (809)

Die Musik des 19. Jahrhunderts von *W. Oehlmann.* 180 Seiten. 1953. (170)

Die Musik des 20. Jahrhunderts von *W. Oehlmann.* 312 Seiten. 1961. (171/171 a)

Technik der deutschen Gesangskunst von *H. J. Moser*. 3., durchgesehene und verbesserte Auflage. 144 Seiten, 5 Figuren sowie Tabellen und Notenbeispiele. 1954. (576/576a)

Die Kunst des Dirigierens von *H. W. von Waltershausen †*. 2., vermehrte Auflage. 138 Seiten. Mit 19 Notenbeispielen. 1954. (1147)

Die Technik des Klavierspiels aus dem Geiste des musikalischen Kunstwerkes von *K. Schubert †*. 3. Auflage. 110 Seiten. Mit Notenbeispielen. 1954. (1045)

Kunst

Stilkunde von *H. Weigert*. 2 Bände. 3., durchgesehene und ergänzte Auflage.
I: Vorzeit, Antike, Mittelalter. 136 Seiten, 94 Abbildungen. 1958. (80)
II: Spätmittelalter und Neuzeit. 150 Seiten, 88 Abbildungen. 1958. (781)

Archäologie von *A. Rumpf*. 2 Bände.
I: Einleitung, historischer Überblick. 143 Seiten, 6 Abbildungen, 12 Tafeln. 1953. (538)
II: Die Archäologensprache. Die antiken Reproduktionen. 136 Seiten, 7 Abbildungen, 12 Tafeln. 1956. (539)

Geschichte

Einführung in die Geschichtswissenschaft von *P. Kirn*. 3., durchgesehene Auflage. 128 Seiten. 1959. (270)

Einführung in die Zeitgeschichte von *B. Scheurig*. 1962. In Vorbereitung. (1204)

Zeitrechnung der römischen Kaiserzeit, des Mittelalters und der Neuzeit für die Jahre 1—2000 n. Chr. von *H. Lietzmann †*. 3. Auflage, durchgesehen von *K. Aland*. 130 Seiten. 1956. (1085)

Kultur der Urzeit von *F. Behn*. 3 Bände. 4. Auflage der Kultur der Urzeit Bd. 1—3 von *M. Hoernes*.
I: Die vormetallischen Kulturen. (Die Steinzeiten Europas. Gleichartige Kulturen in anderen Erdteilen.) 172 Seiten, 48 Abbildungen. 1950. (564)
II: Die älteren Metallkulturen. (Der Beginn der Metallbenutzung. Kupfer- und Bronzezeit in Europa, im Orient und in Amerika.) 160 Seiten, 67 Abbildungen. 1950. (565)
III: Die jüngeren Metallkulturen. (Das Eisen als Kulturmetall, Hallstatt-Latène-Kultur in Europa. Das erste Auftreten des Eisens in den anderen Weltteilen.) 149 Seiten, 60 Abbildungen. 1950. (566)

Vorgeschichte Europas von *F. Behn*. Völlig neue Bearbeitung der 7. Auflage der „Urgeschichte der Menschheit" von *M. Hoernes*. 125 Seiten, 47 Abbildungen. 1949. (42)

Der Eintritt der Germanen in die Geschichte von *J. Haller †*. 3. Auflage, durchgesehen von *H. Dannenbauer*. 120 Seiten, 6 Kartenskizzen. 1957. (1117)

Von den Karolingern zu den Staufern. Die altdeutsche Kaiserzeit (900—1250) von *J. Haller †*. 4., durchgesehene Auflage von *H. Dannenbauer*. 142 Seiten, 4 Karten. 1958. (1065)

Von den Staufern zu den Habsburgern. Auflösung des Reichs und Emporkommen der Landesstaaten (1250—1519) von *J. Haller †*. 2., durchgesehene Auflage von *H. Dannenbauer*. 118 Seiten, 6 Kartenskizzen. 1960. (1077)

Deutsche Geschichte im Zeitalter der Reformation, der Gegenreformation und des dreißigjährigen Krieges von *F. Hartung*. 129 Seiten. 1951. (1105)

Deutsche Geschichte von 1648—1740. Politischer und geistiger Wiederaufbau von *W. Treue*. 120 Seiten. 1956. (35)

Deutsche Geschichte von 1713 – 1806. Von der Schaffung des europäischen Gleichgewichts bis zu Napoleons Herrschaft von *W. Treue.* 168 Seiten. 1957. (39)
Deutsche Geschichte von 1806 – 1890. Vom Ende des alten bis zur Höhe des neuen Reiches von *W. Treue.* 128 Seiten. 1961. (893)
Deutsche Geschichte von 1890 bis zur Gegenwart von *W. Treue.* In Vorbereitung. (894)

Quellenkunde der Deutschen Geschichte im Mittelalter (bis zur Mitte des 15. Jahrhunderts) von *K. Jacob †.* 3 Bände.
I: Einleitung. Allgemeiner Teil. Die Zeit der Karolinger. 6. Auflage, bearbeitet von *H. Hohenleutner.* 127 Seiten. 1959. (279)
II: Die Kaiserzeit (911—1250). 5. Auflage, neubearbeitet von *H. Hohenleutner.* 141 Seiten. 1961. (280)
III: Das Spätmittelalter (vom Interregnum bis 1500). Herausgegeben von *F. Weden.* 152 Seiten. 1952. (284)

Geschichte Englands von *H. Preller.* 2 Bände.
I: bis 1815. 3., stark umgearbeitete Auflage. 135 Seiten, 7 Stammtafeln, 2 Karten. 1952. (375)
II: Von 1815 bis 1910. 2., völlig umgearbeitete Auflage. 118 Seiten, 1 Stammtafel, 7 Karten. 1954. (1088)

Römische Geschichte von *F. Altheim.* 4 Bände. 2., verbesserte Auflage.
I: Bis zur Schlacht bei Pydna (168 v. Chr.). 124 Seiten. 1956. (19)
II: Bis zur Schlacht bei Actium (31 v. Chr.). 129 Seiten. 1956. (677)
III: Bis zur Schlacht an der Milvischen Brücke (312 n. Chr.). 148 Seiten. 1958. (679)
IV: Bis zur Schlacht am Yarmuk (636 n. Chr.). In Vorbereitung. (684)

Geschichte der Vereinigten Staaten von Amerika von *O. Graf zu Stolberg-Wernigerode.* 192 Seiten, 10 Karten. 1956. (1051/1051 a)

Deutsche Sprache und Literatur

Geschichte der Deutschen Sprache von *H. Sperber.* 3. Auflage, besorgt von *W. Fleischhauer.* 128 Seiten. 1958. (915)

Deutsches Rechtschreibungswörterbuch von *M. Gottschald †.* 2., verbesserte Auflage. 219 Seiten. 1953. (200/200 a)

Deutsche Wortkunde. Kulturgeschichte des deutschen Wortschatzes von *A. Schirmer.* 4. Auflage von *W. Mitzka.* 123 Seiten. 1960. (929)

Deutsche Sprachlehre von *W. Hofstaetter.* 10. Auflage. Völlige Umarbeitung der 8. Auflage. 150 Seiten. 1960. (20)

Stimmkunde für Beruf, Kunst und Heilzwecke von *H. Biehle.* 111 Seiten. 1955. (60)

Redetechnik. Einführung in die Rhetorik von *H. Biehle.* 2., erweiterte Auflage. 151 Seiten. 1961. (61)

Sprechen und Sprachpflege (Die Kunst des Sprechens) von *H. Feist.* 2., verbesserte Auflage. 99 Seiten, 25 Abbildungen. 1952. (1122)

Deutsches Dichten und Denken von der germanischen bis zur staufischen Zeit von *H. Naumann †.* (Deutsche Literaturgeschichte vom 5.—13. Jahrhundert.) 2., verbesserte Auflage. 166 Seiten. 1952. (1121)

Deutsches Dichten und Denken vom Mittelalter zur Neuzeit von *G. Müller* (1270 bis 1700). 2., durchgesehene Auflage. 159 Seiten. 1949. (1086)

Deutsches Dichten und Denken von der Aufklärung bis zum Realismus (Deutsche Literaturgeschichte von 1700—1890) von *K. Viëtor* †. 3., durchgesehene Auflage. 159 Seiten. 1958. (1096)

Der Nibelunge Nôt in Auswahl mit kurzem Wörterbuch von *K. Langosch*. 10., durchgesehene Auflage. 164 Seiten. 1956. (1)

Kudrun und Dietrich-Epen in Auswahl mit Wörterbuch von *O. L. Jiriczek*. 6. Auflage, bearbeitet von *R. Wisniewski*. 173 Seiten. 1957. (10)

Wolfram von Eschenbach. Parzival. Eine Auswahl mit Anmerkungen und Wörterbuch von *H. Jantzen*. 2. Auflage, bearbeitet von *H. Kolb*. 128 Seiten. 1957. (921)

Hartmann von Aue. Der arme Heinrich nebst einer Auswahl aus der „Klage", dem „Gregorius" und den Liedern (mit einem Wörterverzeichnis) herausgegeben von *F. Maurer*. 96 Seiten. 1958. (18)

Gottfried von Strassburg in Auswahl herausgegeben von *F. Maurer*. 142 Seiten. 1959. (22)

Die deutschen Personennamen von *M. Gottschald* †. 2., verbesserte Auflage. 151 Seiten. 1955. (422)

Althochdeutsches Elementarbuch. Grammatik und Texte. 3. Auflage von *W. Betz*. 1962. In Vorbereitung. (1111)

Mittelhochdeutsche Grammatik von *H. de Boor* und *R. Wisniewski*. 2., verbesserte und ergänzte Auflage. 142 Seiten. 1960. (1108)

Indogermanisch, Germanisch

Indogermanische Sprachwissenschaft von *H. Krahe*. 2 Bände.
I: Einleitung und Lautlehre. 4. Auflage. 106 Seiten. 1962. In Vorbereitung. (59)
II: Formenlehre. 3., neubearbeitete Auflage. 124 Seiten. 1959. (64)

Gotisches Elementarbuch. Grammatik, Texte mit Übersetzung und Erläuterungen. Mit einer Einleitung von *H. Hempel*. 3., umgearbeitete Auflage. 166 Seiten. 1962. (79/79a)

Germanische Sprachwissenschaft von *H. Krahe*. 2 Bände. 4., überarbeitete Auflage.
I: Einleitung und Lautlehre. 147 Seiten. 1960. (238)
II: Formenlehre. 149 Seiten. 1961. (780)

Altnordisches Elementarbuch. Schrift, Sprache, Texte mit Übersetzung und Wörterbuch von *F. Ranke*. 2., durchgesehene Auflage. 146 Seiten. 1949. (1115)

Englisch, Romanisch

Altenglisches Elementarbuch von *M. Lehnert*. Einführung, Grammatik, Texte mit Übersetzung und Wörterbuch. 5., verbesserte Auflage. 178 Seiten. 1962. (1125)

Historische neuenglische Laut- und Formenlehre von *E. Ekwall*. 3., durchgesehene Auflage. 150 Seiten. 1956. (735)

Englische Phonetik von *H. Mutschmann* †. 117 Seiten. 1956. (601)

Englische Literaturgeschichte von *F. Schubel*. 4 Bände.
I: Die alt- und mittelenglische Periode. 163 Seiten. 1954. (1114)
II: Von der Renaissance bis zur Aufklärung. 160 Seiten. 1956. (1116)
III: Romantik und Viktorianismus. 160 Seiten. 1960. (1124)

Beowulf von *M. Lehnert*. Eine Auswahl mit Einführung, teilweiser Übersetzung, Anmerkungen und etymologischem Wörterbuch. 3., verbesserte Auflage. 135 Seiten. 1959. (1135)

Shakespeare von *P. Meißner †*. 2. Auflage, neubearbeitet von *M. Lehnert*. 136 Seiten. 1954. (1142)

Italienische Literaturgeschichte von *K. Voßler †*. 5. Auflage, neubearbeitet von *A. Noyer-Weidner*. In Vorbereitung. (125)

Romanische Sprachwissenschaft von *H. Lausberg*. 4 Bände.
I: Einleitung und Vokalismus. 160 Seiten. 1956. (128/128a)
II: Konsonantismus. 95 Seiten. 1956. (250)
III: Formenlehre. In Vorbereitung. (1199/1199a)
IV: Wortlehre. In Vorbereitung. (1200)

Griechisch, Lateinisch

Griechische Sprachwissenschaft von *W. Brandenstein*. 2 Bände.
I: Einleitung, Lautsystem, Etymologie. 160 Seiten. 1954. (117)
II: Wortbildung und Formenlehre. 192 Seiten. 1959. (118/118a)

Geschichte der griechischen Sprache. 2 Bände.
I: Bis zum Ausgang der klassischen Zeit von *O. Hoffmann †*. 3. Auflage, bearbeitet von *A. Debrunner †*. 156 Seiten. 1953. (111)
II: Grundfragen und Grundzüge des nachklassischen Griechisch von *A. Debrunner †*. 144 Seiten. 1954. (114)

Geschichte der griechischen Literatur von *W. Nestle*. 2 Bände. 3. Auflage, bearbeitet von *W. Liebich*.
I: 144 Seiten. 1961. (70) II: In Vorbereitung. (557)

Grammatik der neugriechischen Volkssprache von *J. Kalitsunakis*. 3., völlig neubearbeitete und erweiterte Auflage. 1962. In Vorbereitung. (756/756a)

Neugriechisch-deutsches Gesprächsbuch von *J. Kalitsunakis*. 2. Auflage, bearbeitet von *A. Steinmetz*. 99 Seiten. 1960. (587)

Geschichte der lateinischen Sprache von *F. Stolz*. 4. Auflage von *A. Debrunner †*. In Vorbereitung. (492)

Geschichte der römischen Literatur von *L. Bieler*. 2 Bände.
I: Die Literatur der Republik. 160 Seiten. 1961. (52)
II: Die Literatur der Kaiserzeit. 133 Seiten. 1961. (866)

Hebräisch, Sanskrit, Russisch

Hebräische Grammatik von *G. Beer †*. 2 Bände. 2., völlig neubearbeitete Auflage von *R. Meyer*.
I: Schrift-, Laut- und Formenlehre I. 3. Auflage. 157 Seiten. In Vorbereitung (763/763a)
II: Formenlehre II. Syntax und Flexionstabellen. 195 Seiten. 1955. (764/764a)

Hebräisches Textbuch zu *G. Beer-R. Meyer*, Hebräische Grammatik von *R. Meyer*. 170 Seiten. 1960. (769/769a)

Sanskrit-Grammatik von *M. Mayrhofer*. 89 Seiten. 1953. (1158)

Russische Grammatik von *E. Berneker †*. 6., verbesserte Auflage von *M. Vasmer*. 155 Seiten. 1961. (66)

Slavische Sprachwissenschaft von *H. Bräuer*. 2 Bände.
I: Einleitung, Lautlehre. 221 Seiten. 1961. (1191/1191a)

Erd- und Länderkunde, Kartographie

Afrika von *F. Jaeger*. Ein geographischer Überblick. 2 Bände. 2., umgearbeitete Auflage.
I: Der Lebensraum. 179 Seiten, 18 Abbildungen. 1954. (910)
II: Mensch und Kultur. 155 Seiten, 6 Abbildungen. 1954. (911)
Australien und Ozeanien von *H. J. Krug*. 176 Seiten, 46 Skizzen. 1953. (319)
Kartographie von *V. Heissler*. 125 Abb., mehrere Karten. 1962. In Vorbereitung (30/30a)

Volkswirtschaft, Statistik, Publizistik

Allgemeine Betriebswirtschaftslehre von *K. Mellerowicz*. 4 Bände. 10., erweiterte und veränderte Auflage. (Bd. I und II: 11., durchgesehene Auflage)
I: 224 Seiten. 1961. (1008/1008a) II: 188 Seiten. 1962. (1153/1153a)
III: 260 Seiten. 1959. (1154/1154a) IV: 209 Seiten. 1959. (1186/1186a)
Diese 4 Bände sind in Ganzleinen gebunden zu je DM 6,30 lieferbar.
Geschichte der Volkswirtschaftslehre von *S. Wendt*. 182 Seiten. 1961. (1194)
Allgemeine Volkswirtschaftslehre von *A. Paulsen*. 4 Bände.
I: Grundlegung, Wirtschaftskreislauf. 3., durchgesehene und ergänzte Auflage. 148 Seiten. 1959. (1169)
II: Haushalte, Unternehmungen, Marktformen. 3., neubearbeitete Auflage. 166 Seiten, 32 Abbildungen. 1960. (1170)
III: Produktionsfaktoren. 2., neubearbeitete und ergänzte Auflage. 200 Seiten. 1961. (1171)
IV: Gesamtbeschäftigung, Konjunkturen, Wachstum. 2. Auflage. 174 Seiten. 1962. (1172)
Allgemeine Volkswirtschaftspolitik von *H. Ohm*. 2 Bände.
I: Systematisch-Theoretische Grundlegung. 137 Seiten, 6 Abbildungen. 1962. (1195)
II: Der volkswirtschaftliche Gesamtorganismus als Objekt der Wirtschaftspolitik. In Vorbereitung. (1196)
Finanzwissenschaft von *H. Kolms*. 4 Bände.
I: Grundlegung, Öffentliche Ausgaben. 160 Seiten. 1959. (148)
II: Erwerbseinkünfte, Gebühren und Beiträge; Allgemeine Steuerlehre. 148 Seiten. 1960. (391)
III: Besondere Steuerlehre. 178 Seiten. 1962. (776)
IV: Öffentlicher Kredit. Haushaltswesen. Finanzausgleich. In Vorbereitung. (782)
Finanzmathematik von *M. Nicolas*. 192 Seiten, 11 Tafeln, 8 Tabellen und 72 Beispiele. 1959. (1183/1183a)
Industrie- und Betriebssoziologie von *R. Dahrendorf*. 2. Auflage. 136 Seiten 3 Figuren. 1962. (103)
Wirtschaftssoziologie von *F. Fürstenberg*. 122 Seiten. 1961. (1193)
Psychologie des Berufs- und Wirtschaftslebens von *W. Moede †*. 190 Seiten, 48 Abbildungen. 1958. (851/851a)
Allgemeine Methodenlehre der Statistik von *J. Pfanzagl*. 2 Bände.
I: Elementare Methoden unter besonderer Berücksichtigung der Anwendungen in den Wirtschafts- und Sozialwissenschaften. 205 Seiten, 35 Abbildungen. 1960. (746/746a)
II: Höhere Methoden unter besonderer Berücksichtigung der Anwendungen in Naturwissenschaft, Medizin und Technik. 295 Seiten, 39 Abbildungen. 1962. (747/747a)

Zeitungslehre von *E. Dovifat*. 2 Bände. 4., neubearbeitete Auflage.
I: Theoretische und rechtliche Grundlagen — Nachricht und Meinung — Sprache und Form. 148 Seiten. 1962. (1039)
II: Redaktion — Die Sparten: Verlag und Vertrieb, Wirtschaft und Technik, Sicherung der öffentlichen Aufgabe. 168 Seiten. 1962. (1040)

Naturwissenschaften

Mathematik

Geschichte der Mathematik von *J. E. Hofmann*. 4 Bände.
I: Von den Anfängen bis zum Auftreten von Fermat und Descartes. 2. Auflage. 200 Seiten. 1962. In Vorbereitung. (226/226a)
II: Von Fermat und Descartes bis zur Erfindung des Calculus und bis zum Ausbau der neuen Methoden. 109 Seiten. 1957. (875)
III: Von den Auseinandersetzungen um den Calculus bis zur französischen Revolution. 107 Seiten. 1957. (882)
IV: Geschichte der Mathematik der neuesten Zeit von *N. Stuloff*. In Vorbereitung. (883)

Mathematische Formelsammlung von *F. O. Ringleb*. 7., erweiterte Auflage. 320 Seiten, 40 Figuren. 1960. (51/51a)

Vierstellige Tafeln und Gegentafeln für logarithmisches und trigonometrisches Rechnen in zwei Farben zusammengestellt von *H. Schubert* und *R. Haussner*. 3., neubearbeitete Auflage von *J. Erlebach*. 158 Seiten. 1960. (81)

Fünfstellige Logarithmen von *A. Adler*. Mit mehreren graphischen Rechentafeln und häufig vorkommenden Zahlenwerten. 4. Auflage, überarbeitet von *J. Erlebach*. 127 Seiten, 1 Tafel. In Vorbereitung. (423)

Arithmetik von *P. B. Fischer* †. 3. Auflage von *H. Rohrbach*. 152 Seiten, 19 Abbildungen. 1958. (47)

Höhere Algebra von *H. Hasse*. 2 Bände. 4., durchgesehene Auflage.
I: Lineare Gleichungen. 152 Seiten. 1957. (931)
II: Gleichungen höheren Grades. 158 Seiten, 5 Figuren. 1958. (932)

Aufgabensammlung zur höheren Algebra von *H. Hasse* und *W. Klobe*. 3., verbesserte Auflage. 183 Seiten. 1961. (1082)

Elementare und klassische Algebra vom modernen Standpunkt von *W. Krull*. 2 Bände.
I: 2., erweiterte Auflage. 136 Seiten. 1952. (930)
II: 132 Seiten. 1959. (933)

Algebraische Kurven und Flächen von *W. Burau*. 2 Bände.
I: Algebraische Kurven der Ebene. 153 Seiten, 28 Figuren. 1962. (435)
II: Algebraische Flächen 3. Grades und Raumkurven 3. und 4. Grades. 1962. In Vorbereitung. (436)

Einführung in die Zahlentheorie von *A. Scholz* †. Überarbeitet und herausgegeben von *B. Schoeneberg*. 3. Auflage. 128 Seiten. 1961. (1131)

Formale Logik von *P. Lorenzen*. 2. Auflage. 165 Seiten. 1962. (1176/1176a)

Topologie von *W. Franz*. 2 Bände.
I: Allgemeine Topologie. 144 Seiten, 9 Figuren. 1960. (1181)

Elemente der Funktionentheorie von *K. Knopp* †. 5. Auflage. 144 Seiten, 23 Fig. 1959. (1109)

Funktionentheorie von *K. Knopp †*. 2 Bände. 10. Auflage.
I: Grundlagen der allgemeinen Theorie der analytischen Funktionen. 144 Seiten, 8 Figuren. 1961. (668)
II: Anwendungen und Weiterführung der allgemeinen Theorie. 130 Seiten, 7 Figuren. 1962. (703)

Aufgabensammlung zur Funktionentheorie von *K. Knopp †*. 2 Bände.
I: Aufgaben zur elementaren Funktionentheorie. 6. Auflage. 135 Seiten. In Vorbereitung. (877)
II: Aufgaben zur höheren Funktionentheorie. 5. Auflage. 151 Seiten. 1959. (878)

Differential- und Integralrechnung von *M. Barner*. (Früher *Witting*). 4 Bände.
I: Grenzwertbegriff, Differentialrechnung. 176 Seiten. 1961. (86/86a)

Gewöhnliche Differentialgleichungen von *G. Hoheisel*. 6., neubearbeitete und erweiterte Auflage. 128 Seiten. 1960. (920)

Partielle Differentialgleichungen von *G. Hoheisel*. 4., durchgesehene Auflage. 128 Seiten. 1960. (1003)

Aufgabensammlung zu den gewöhnlichen und partiellen Differentialgleichungen von *G. Hoheisel*. 4., durchgesehene und verbesserte Auflage. 124 Seiten. 1958. (1059)

Integralgleichungen von *G. Hoheisel*. 2., durchgesehene Auflage. 1962. In Vorbereitung. (1099)

Mengenlehre von *E. Kamke*. 4., verbesserte Auflage. 194 Seiten, 6 Figuren. In Vorbereitung. (999/999a)

Gruppentheorie von *L. Baumgartner*. 3., neubearbeitete Auflage. 110 Seiten, 3 Tafeln. 1958. (837)

Ebene und sphärische Trigonometrie von *G. Hessenberg †*. 5. Auflage, durchgesehen von *H. Kneser*. 172 Seiten, 60 Figuren. 1957. (99)

Darstellende Geometrie von *W. Haack*. 3 Bände.
I: Die wichtigsten Darstellungsmethoden. Grund- und Aufriß ebenflächiger Körper. 3., durchgesehene und ergänzte Auflage. 113 Seiten, 120 Abbildungen. 1960. (142)
II: Körper mit krummen Begrenzungsflächen. Kotierte Projektionen. 3., durchgesehene Auflage. 129 Seiten, 86 Abbildungen. 1962. (143)
III: Axonometrie und Perspektive. 2., durchgesehene und ergänzte Auflage. 129 Seiten, 100 Abbildungen. 1962. (144)

Analytische Geometrie von *K. P. Grotemeyer*. 2., erweiterte Auflage. 218 Seiten, 73 Abbildungen. 1962. (65/65a)

Nichteuklidische Geometrie. Hyperbolische Geometrie der Ebene von *R. Baldus †*. Durchgesehen und herausgegeben von *F. Löbell*. 3., verbesserte Auflage. 140 Seiten, 70 Figuren. 1953. (970)

Differentialgeometrie von *K. Strubecker* (früher *Rothe*). 3 Bände.
I: Kurventheorie der Ebene und des Raumes. 150 Seiten, 18 Figuren. 1955. (1113/1113a)
II: Theorie der Flächenmetrik. 195 Seiten, 14 Figuren. 1958. (1179/1179a)
III: Theorie der Flächenkrümmung. 254 Seiten, 38 Figuren. 1959. (1180/1180a)

Variationsrechnung von *L. Koschmieder*. 2 Bände. 2., neubearbeitete Auflage.
I: Das freie und gebundene Extrem einfacher Grundintegrale. 128 Seiten, 23 Figuren. 1962. (1074)

Einführung in die konforme Abbildung von *L. Bieberbach*. 5., erweiterte Auflage. 180 Seiten, 42 Figuren. 1956. (768/768a)

Vektoren und Matrizen von *S. Valentiner*. 2. Auflage. (9., erweiterte Auflage der „Vektoranalysis"). Mit Anhang: Aufgaben zur Vektorrechnung von *H. König*. 202 Seiten, 35 Figuren. 1960. (354/354a)

Versicherungsmathematik von *F. Böhm*. 2 Bände.
I: Elemente der Versicherungsrechnung. 3., vermehrte und verbesserte Auflage. Durchgesehener Neudruck. 151 Seiten. 1953. (180)
II: Lebensversicherungsmathematik. Einführung in die technischen Grundlagen der Sozialversicherung. 2., verbesserte und vermehrte Auflage. 205 Seiten. 1953. (917/917a)

Finanzmathematik von *M. Nicolas*. 192 Seiten, 11 Tafeln, 8 Tabellen und 72 Beispiele. 1959. (1183/1183a)

Physik

Einführung in die theoretische Physik von *W. Döring*. 5 Bände.
I: Mechanik. 2., verbesserte Auflage. 123 Seiten, 25 Abbildungen. 1960. (76)
II: Das elektromagnetische Feld. 2., verbesserte Auflage. 132 Seiten, 15 Abbildungen. 1962. (77)
III: Optik. 117 Seiten, 32 Abbildungen. 1956. (78)
IV: Thermodynamik. 107 Seiten, 9 Abbildungen. 1956. (374)
V: Statistische Mechanik. 114 Seiten, 12 Abbildungen. 1957. (1017)

Mechanik deformierbarer Körper von *M. Päsler*. 199 Seiten, 48 Abbildungen. 1960. (1189/1189a)

Atomphysik von *K. Bechert* und *Ch. Gerthsen* †. 7 Bände.
I: Allgemeine Grundlagen. 1. Teil. 4., durchgesehene Auflage von *A. Flammersfeld*. 124 Seiten, 35 Abbildungen. 1959. (1009)
II: Allgemeine Grundlagen. 2. Teil. 4. Auflage. 1962. In Vorber. (1033)
III: Theorie des Atombaus. 1. Teil. 4., umgearbeitete Auflage. 148 Seiten, 16 Abbildungen. 1962. In Vorbereitung (1123/1123a)
IV: Theorie des Atombaus. 2. Teil. 3., umgearbeitete Auflage. 170 Seiten, 14 Abbildungen. 1954. (1165/1165a)

Differentialgleichungen der Physik von *F. Sauter*. 3., durchgesehene und ergänzte Auflage. 148 Seiten, 16 Figuren. 1958. (1070)

Physikalische Formelsammlung von *G. Mahler* †. Neubearbeitet von *K. Mahler*. 10., durchgesehene Auflage. 153 Seiten, 69 Figuren. 1959. (136)

Physikalische Aufgabensammlung von *G. Mahler* †. Neu bearbeitet von *K. Mahler*. Mit den Ergebnissen. 11. Auflage. 127 Seiten. 1961. (243)

Chemie

Geschichte der Chemie in kurzgefaßter Darstellung von *G. Lockemann*. 2 Bände.
I: Vom Altertum bis zur Entdeckung des Sauerstoffs. 142 Seiten, 8 Bildnisse. 1950. (264)
II: Von der Entdeckung des Sauerstoffs bis zur Gegenwart. 151 Seiten, 16 Bildnisse. 1955. (265/265a)

Anorganische Chemie von *W. Klemm*. 12., neubearbeitete und erweiterte Auflage. 255 Seiten, 34 Abbildungen. 1962. (37/37a)

Organische Chemie von *W. Schlenk*. 8., erweiterte Auflage. 272 Seiten, 16 Abbildungen. 1960. (38/38a)

Physikalische Methoden der Organischen Chemie von *G. Kresze*. 65 Abbildungen. 1962. (44/44a)

Allgemeine und physikalische Chemie von *W. Schulze*. 2 Bände.
I: 5., durchgesehene Auflage. 139 Seiten, 10 Figuren. 1960. (71)
II: 5., verbesserte Auflage. 178 Seiten, 37 Figuren. 1961. (698/698a)

Einfache Versuche zur allgemeinen und physikalischen Chemie von *E. Dehn.* 371 Versuche mit 40 Abbildungen. 272 Seiten. 1962. (1201/1201 a)

Molekülbau. Theoretische Grundlagen und Methoden der Strukturermittlung von *W. Schulze.* 123 Seiten, 43 Figuren. 1958. (786)

Physikalisch-chemische Rechenaufgaben von *E. Asmus.* 3., verbesserte Auflage. 96 Seiten. 1958. (445)

Maßanalyse. Theorie und Praxis der klassischen und der elektrochemischen Titrierverfahren von *G. Jander* und *K. F. Jahr.* 9., durchgesehene Auflage. 313 Seiten, 49 Figuren. 1961. (221/221 a)

Qualitative Analyse von *H. Hofmann* u. *G. Jander.* 308 Seiten, 5 Abbildungen. 1960. (247/247 a)

Thermochemie von *W. A. Roth †.* 2., verbesserte Auflage. 109 Seiten, 16 Figuren. 1952. (1057)

Stöchiometrische Aufgabensammlung von *W. Bahrdt †* und *R. Scheer.* Mit den Ergebnissen. 7., durchgesehene Auflage. 119 Seiten. 1960. (452)

Elektrochemie und ihre physikalisch-chemischen Grundlagen von *A. Dassler.* 2 Bände.
II: 178 Seiten, 17 Abbildungen. 1950. (253)

Technologie

Die Chemie der Kunststoffe von *K. Hamann,* unter Mitarbeit von *W. Funke* und *H. D. Hermann.* 143 Seiten. 1960. (1173)

Warenkunde von *K. Hassak* und *E. Beutel †.* 2 Bände.
I: Anorganische Waren sowie Kohle und Erdöl. 8. Auflage. Neubearbeitet von *A. Kutzelnigg.* 119 Seiten, 18 Figuren. 1958. (222)
II: Organische Waren. 8. Auflage. Vollständig neubearbeitet von *A. Kutzelnigg.* 157 Seiten, 32 Figuren. 1959. (223)

Die Fette und Öle von *Th. Klug.* 6., verbesserte Auflage. 143 Seiten. 1961. (335)

Die Seifenfabrikation von *K. Braun †.* 3., neubearbeitete und verbesserte Auflage von *Th. Klug.* 116 Seiten, 18 Abbildungen. 1953. (336)

Textilindustrie von *A. Blümcke.*
I: Spinnerei und Zwirnerei. 111 Seiten, 43 Abbildungen. 1954. (184)

Biologie

Einführung in die allgemeine Biologie und ihre philosophischen Grund- und Grenzfragen von *M. Hartmann.* 132 Seiten, 2 Abbildungen. 1956. (96)

Hormone von *G. Koller.* 2., neubearbeitete und erweiterte Auflage. 187 Seiten, 60 Abbildungen, 19 Tabellen. 1949. (1141)

Fortpflanzung im Tier- und Pflanzenreich von *J. Hämmerling.* 2., ergänzte Auflage. 135 Seiten, 101 Abbildungen. 1951. (1138)

Geschlecht und Geschlechtsbestimmung im Tier- und Pflanzenreich von *M. Hartmann.* 2., verbesserte Auflage. 116 Seiten, 61 Abbildungen, 7 Tabellen. 1951. (1127)

Symbiose der Tiere mit pflanzlichen Mikroorganismen von *P. Buchner.* 2., verbesserte und vermehrte Auflage. 130 Seiten, 121 Abbildungen. 1949. (1128)

Grundriß der Allgemeinen Mikrobiologie von *W.* u. *A. Schwartz.* 2 Bände. 2., verbesserte und ergänzte Auflage.
I: 147 Seiten, 25 Abbildungen. 1960. (1155)
II: 142 Seiten, 29 Abbildungen. 1961. (1157)

Botanik

Entwicklungsgeschichte des Pflanzenreiches von *H. Heil*. 2. Auflage. 138 Seiten, 94 Abbildungen, 1 Tabelle. 1950. (1137)

Morphologie der Pflanzen von *L. Geitler*. 3., umgearbeitete Auflage. 126 Seiten, 114 Abbildungen. 1953. (141)

Pflanzengeographie von *L. Diels †*. 5., völlig neubearbeitete Auflage von *F. Mattick*. 195 Seiten, 2 Karten. 1958. (389/389 a)

Die Laubhölzer. Kurzgefaßte Beschreibung der in Mitteleuropa gedeihenden Laubbäume und Sträucher von *F. W. Neger †* und *E. Münch †*. 3., durchgesehene Auflage, herausgegeben von *B. Huber*. 143 Seiten, 63 Figuren, 7 Tabellen. 1950. (718)

Die Nadelhölzer (Koniferen) und übrigen Gymnospermen von *F. W. Neger †* und *E. Münch †*. 4. Auflage, durchgesehen und ergänzt von *B. Huber*. 140 Seiten, 75 Figuren, 4 Tabellen, 3 Karten. 1952. (355)

Pflanzenzüchtung von *H. Kuckuck*. 2 Bände.

I: Grundzüge der Pflanzenzüchtung. 3., völlig umgearbeitete und erweiterte Auflage. 132 Seiten, 22 Abbildungen. 1952. (1134)

II: Spezielle gartenbauliche Pflanzenzüchtung (Züchtung von Gemüse, Obst und Blumen). 178 Seiten, 27 Abbildungen. 1957. (1178/1178 a)

Zoologie

Entwicklungsphysiologie der Tiere von *F. Seidel*. 2 Bände.

I: Ei und Furchung. 126 Seiten, 29 Abbildungen. 1953. (1162)

II: Körpergrundgestalt und Organbildung. 159 Seiten, 42 Abbildungen. 1953. (1163)

Das Tierreich

I: Einzeller, Protozoen von *E. Reichenow*. 115 Seiten, 59 Abbildungen. 1956. (444)

II: Schwämme und Hohltiere von *H. J. Hannemann*. 95 Seiten, 80 Abbildungen. 1956. (442)

III: Würmer. Platt-, Hohl-, Schnurwürmer, Kamptozoen, Ringelwürmer, Protracheaten, Bärtierchen, Zungenwürmer von *S. Jaeckel*. 114 Seiten, 36 Abbildungen. 1955. (439)

IV, 1: Krebse von *H. E. Gruner* und *K. Deckert*. 114 Seiten, 43 Abbildungen. 1956. (443)

IV, 2: Spinnentiere (Trilobitomorphen, Fühlerlose) und Tausendfüßler von *A. Kaestner*. 96 Seiten, 55 Abbildungen. 1955. (1161)

IV, 3: Insekten von *H. von Lengerken*. 128 Seiten, 58 Abbildungen. 1953. (594)

V: Weichtiere. Urmollusken, Schnecken, Muscheln und Kopffüßer von *S. Jaeckel*. 92 Seiten, 34 Abbildungen. 1954. (440)

VI: Stachelhäuter. Tentakulaten, Binnenatmer und Pfeilwürmer von *S. Jaeckel*. 100 Seiten, 46 Abbildungen. 1955. (441)

VII, 1: Manteltiere, Schädellose, Rundmäuler von *Th. Haltenorth*. In Vorbereitung. (448)

VII, 2: Fische von *D. Lüdemann*. 130 Seiten, 65 Abbildungen. 1955. (356)

VII, 3: Lurche (Chordatiere) von *K. Herter*. 143 S., 129 Abb. 1955. (847)

VII, 4: Kriechtiere (Chordatiere) von *K. Herter*. 200 Seiten, 142 Abbildungen. 1960. (447/447 a)

VII, 5: Vögel (Chordatiere) von *H.-A. Freye*. 156 S., 69 Fig. 1960. (869)

VII, 6: Säugetiere (Chordatiere) von *Th. Haltenorth*. In Vorbereitung. (282)

Land- und Forstwirtschaft

Landwirtschaftliche Tierzucht. Die Züchtung und Haltung der landwirtschaftlichen Nutztiere von *H. Vogel.* 139 Seiten, 11 Abbildungen. 1952. (228)

Kulturtechnische Bodenverbesserungen von *O. Fauser.* 2 Bände. 5., verbesserte und vermehrte Auflage.

I: Allgemeines, Entwässerung. 127 Seiten, 49 Abbildungen. 1959. (691)

II: Bewässerung, Ödlandkultur, Flurbereinigung. 159 Seiten, 71 Abbildungen. 1961. (692)

Agrikulturchemie von *K. Scharrer.* 2 Bände.

I: Pflanzenernährung. 143 Seiten. 1953. (329)

II: Futtermittelkunde. 192 Seiten. 1956. (330/330 a)

Geologie, Mineralogie, Kristallographie

Geologie von *F. Lotze.* 2., verbesserte Auflage. 178 Seiten, 80 Abbildungen. 1961. (13)

Mineral- und Erzlagerstättenkunde von *H. Huttenlocher †.* 2 Bände.

I: 2. Auflage. 128 Seiten, 34 Abbildungen. In Vorbereitung. (1014)

II: 156 Seiten, 48 Abbildungen. 1954. (1015/1015 a)

Allgemeine Mineralogie. 10., erweiterte Auflage der „Mineralogie" von *R. Brauns †*, bearbeitet von *K. F. Chudoba.* 120 Seiten, 120 Figuren, 1 Tafel, 3 Tabellen. 1958. (29)

Spezielle Mineralogie. 10., erweiterte Auflage der „Mineralogie" von *R. Brauns †*, bearbeitet von *K. F. Chudoba.* 170 Seiten, 125 Figuren, 4 Tabellen. 1959. (31/31 a)

Petrographie (Gesteinskunde) von *W. Bruhns †.* Neubearbeitet von *P. Ramdohr.* 5., erweiterte Auflage. 141 Seiten, 10 Figuren. 1960. (173)

Kristallographie von *W. Bruhns †.* 5. Auflage, neubearbeitet von *P. Ramdohr.* 109 Seiten, 164 Abbildungen. 1958. (210)

Einführung in die Kristalloptik von *E. Buchwald.* 4., verbesserte Auflage. 138 Seiten. 121 Figuren. 1952. (619)

Lötrohrprobierkunde. Mineraldiagnose mit Lötrohr- und Tüpfelreaktion von *M. Henglein.* 4., durchgesehene und erweiterte Auflage. 108 Seiten, 11 Figuren. 1962. (483)

Technik

Graphische Darstellung in Wissenschaft und Technik von *M. Pirani.* 3., erweiterte Auflage bearbeitet von *J. Fischer* unter Benutzung der von *I. Runge* besorgten 2. Auflage. 216 Seiten, 104 Abbildungen. 1957. (728/728 a)

Technische Tabellen und Formeln von *W. Müller.* 5., verbesserte und erweiterte Auflage von *E. Schulze.* 163 Seiten, 114 Abbildungen. 1962. (579)

Grundlagen der Straßenverkehrstechnik. Theorie der Leistungsfähigkeit von *E. Engel.* 101 Seiten, 55 Abbildungen. 1962. (1198)

Elektrotechnik

Grundlagen der allgemeinen Elektrotechnik von *O. Mohr.* 2., durchgesehene Auflage. 260 Seiten, 136 Bilder, 14 Tafeln. 1961. (196/196 a)

Die Gleichstrommaschine von *K. Humburg.* 2 Bände. 2., durchgesehene Auflage.

I: 102 Seiten, 59 Abbildungen. 1956. (257)

II: 101 Seiten, 38 Abbildungen. 1956. (881)

Die Synchronmaschine von *W. Putz.* 91 Seiten, 64 Abbildungen. 1962. (1146)
Induktionsmaschinen von *F. Unger.* 2., erweiterte Auflage. 142 Seiten, 49 Abbildungen. 1954. (1140)
Die komplexe Berechnung von Wechselstromschaltungen von *H. H. Meinke.* 2. Auflage. 180 Seiten, 120 Abbildungen. 1957. (1156/1156 a)
Theoretische Grundlagen zur Berechnung der Schaltgeräte von *F. Kesselring.* 3. Auflage. 144 Seiten, 92 Abbildungen. 1950. (711)
Einführung in die Technik selbsttätiger Regelungen von *W. zur Megede.* 2., durchgesehene Auflage. 180 Seiten, 86 Abbildungen. 1961. (714/714 a)
Elektromotorische Antriebe (Grundlagen für die Berechnung) von *A. Schwaiger.* 3., neubearbeitete Auflage. 96 Seiten, 34 Abbildungen. 1952. (827)
Überspannungen und Überspannungsschutz von *G. Frühauf.* Durchgesehener Neudruck. 122 Seiten, 98 Abbildungen. 1950. (1132)
Transformatoren von *W. Schäfer.* 4., überarbeitete und ergänzte Auflage. 130 Seiten, 73 Abbildungen. 1962. In Vorbereitung. (952)

Maschinenbau

Metallkunde von *H. Borchers.* 3 Bände.
I: Aufbau der Metalle und Legierungen. 5. Auflage. 120 Seiten, 90 Abbildungen, 2 Tabellen. 1962. (432)
II: Eigenschaften, Grundzüge der Form- und Zustandsgebung. 3. und 4. Auflage. 179 Seiten, 107 Abbildungen, 10 Tabellen. 1959. (433/433 a)
III: Die metallkundlichen Untersuchungsmethoden von *E. Hanke* In Vorbereitung. (434)
Die Werkstoffe des Maschinenbaues von *A. Thum †* und *C. M. v. Meysenbug.* 2 Bände.
I: Einführung in die Werkstoffprüfung. 2., neubearbeitete Auflage. 100 Seiten, 7 Tabellen, 56 Abbildungen. 1956. (476)
II: Die Konstruktionswerkstoffe. 132 Seiten, 40 Abbildungen. 1959. (936)
Dynamik von *W. Müller.* 2 Bände. 2., verbesserte Auflage.
I: Dynamik des Einzelkörpers. 128 Seiten, 48 Figuren. 1952. (902)
II: Systeme von starren Körpern. 102 Seiten, 41 Figuren. 1952. (903)
Technische Schwingungslehre von *L. Zipperer.* 2 Bände. 2., neubearbeitete Auflage.
I: Allgemeine Schwingungsgleichungen, einfache Schwinger. 120 Seiten, 101 Abbildungen. 1953. (953)
II: Torsionsschwingungen in Maschinenanlagen. 102 Seiten, 59 Abbildungen. 1955. (961/961 a)
Werkzeugmaschinen für Metallbearbeitung von *K. P. Matthes.* 2 Bände.
I: 100 Seiten, 27 Abbildungen, 11 Zahlentafeln, 1 Tafelanhang. 1954. (561)
II: Fertigungstechnische Grundlagen der neuzeitlichen Metallbearbeitung. 101 Seiten, 30 Abbildungen, 5 Tafeln. 1955. (562)
Das Maschinenzeichnen mit Einführung in das Konstruieren von *W. Tochtermann.* 2 Bände. 4. Auflage.
I: Das Maschinenzeichnen. 156 Seiten, 75 Tafeln. 1950. (589)
II: Ausgeführte Konstruktionsbeispiele. 130 Seiten, 58 Tafeln. 1950. (590)
Die Maschinenelemente von *E. A. vom Ende.* 4., überarbeitete Auflage. Etwa 166 Seiten 175 Figuren, 9 Tafeln. In Vorbereitung. (3/3 a)

Die Maschinen der Eisenhüttenwerke von *L. Engel.* 156 Seiten, 95 Abbildungen 1957. (583/583 a)

Walzwerke von *H. Sedlaczek* † unter Mitarbeit von *F. Fischer* und *M. Buch.* 232 Seiten, 157 Abbildungen. 1958. (580/580 a)

Getriebelehre von *P. Grodzinski* †. 2 Bände. 3., neubearbeitete Auflage von *G. Lechner.*
I: Geometrische Grundlagen. 164 Seiten, 131 Figuren. 1960. (1061)
II: Angewandte Getriebelehre. In Vorbereitung. (1062)

Gießereitechnik von *H. Jungbluth.* 2 Bände.
I: Eisengießerei. 126 Seiten, 44 Abbildungen. 1951. (1159)

Die Dampfturbinen. Ihre Wirkungsweise, Berechnung und Konstruktion von *C. Zietemann.* 3 Bände. 3., verbesserte Auflage.
I: Theorie der Dampfturbinen. 139 Seiten, 48 Abbildungen. 1955. (274)
II: Die Berechnung der Dampfturbinen und die Konstruktion der Einzelteile. 132 Seiten, 111 Abbildungen. 1956. (715)
III: Die Regelung der Dampfturbinen, die Bauarten, Turbinen für Sonderzwecke, Kondensationsanlagen. 126 Seiten, 90 Abbildungen. 1956. (716)

Verbrennungsmotoren von *W. Endres.* 3 Bände.
I: Überblick. Motor-Brennstoffe. Verbrennung im Motor allgemein, im Otto- und Diesel-Motor. 153 Seiten, 57 Abbildungen. 1958. (1076/1076 a)
II: Die heutigen Typen der Verbrennungskraftmaschine. In Vorbereitung. (1184)
III: Die Einzelteile des Verbrennungsmotors. In Vorbereitung. (1185)

Autogenes Schweißen und Schneiden von *H. Niese.* 5. Auflage, neubearbeitet von *A. Küchler.* 136 Seiten, 71 Figuren. 1953. (499)

Die elektrischen Schweißverfahren von *H. Niese.* 2. Auflage, neubearbeitet von *H. Dienst.* 136 Seiten, 58 Abbildungen. 1955. (1020)

Die Hebezeuge. Entwurf von Winden und Kranen von *G. Tafel.* 2., verbesserte Auflage. 176 Seiten, 230 Figuren. 1954. (414/414 a)

Wasserbau

Wasserkraftanlagen von *A. Ludin* unter Mitarbeit von *W. Borkenstein.* 2 Bände.
I: Planung, Grundlagen und Grundzüge. 124 Seiten, 60 Abbildungen. 1955. (665)
II: Anordnung und Ausbildung der Hauptbauwerke. 184 Seiten, 91 Abbildungen. 1958. (666/666 a)

Verkehrswasserbau von *H. Dehnert.* 3 Bände.
I: Entwurfsgrundlagen, Flußregelungen. 103 Seiten, 52 Abbildungen. 1950. (585)
II: Flußkanalisierung und Schiffahrtskanäle. 94 Seiten, 60 Abbildungen. 1950. (597)
III: Schleusen und Hebewerke. 98 Seiten, 70 Abbildungen. 1950. (1152)

Wehr- und Stauanlagen von *H. Dehnert.* 134 Seiten, 90 Abbildungen. 1952. (965)

Talsperren von *F. Tölke.* 122 Seiten, 70 Abbildungen. 1953. (1044)

Hoch- und Tiefbau

Die wichtigsten Baustoffe des Hoch- und Tiefbaus von *O. Graf †*. 4., verbesserte Auflage. 131 Seiten, 63 Abbildungen. 1953. (984)

Baustoffverarbeitung und Baustellenprüfung des Betons von *A. Kleinlogel*. 2., neubearbeitete und erweiterte Auflage. 126 Seiten, 35 Abbildungen. 1951. (978)

Festigkeitslehre. 2 Bände.
I: Elastizität, Plastizität und Festigkeit der Baustoffe und Bauteile von *W. Gehler †* und *W. Herberg*. Durchgesehener und erweiterter Neudruck. 159 Seiten, 118 Abbildungen. 1952. (1144)
II: Formänderung, Platten, Stabilität und Bruchhypothesen von *W. Herberg* und *N. Dimitrov*. 187 Seiten, 94 Abbildungen. 1955. (1145/1145a)

Grundlagen des Stahlbetonbaus von *A. Troche*. 2., neubearbeitete und erweiterte Auflage. 208 Seiten, 75 Abbildungen, 17 Bemessungstafeln, 20 Rechenbeispiele. 1953. (1078)

Statik der Baukonstruktionen von *A. Teichmann*. 3 Bände.
I: Grundlagen. 101 Seiten, 51 Abbildungen, 8 Formeltafeln. 1956. (119)
II: Statisch bestimmte Stabwerke. 107 Seiten, 52 Abbildungen, 7 Tafeln. 1957. (120)
III: Statisch unbestimmte Systeme. 112 Seiten, 34 Abbildungen, 7 Formeltafeln. 1958. (122)

Fenster, Türen, Tore aus Holz und Metall. Eine Anleitung zu ihrer guten Gestaltung, wirtschaftlichen Bemessung und handwerksgerechten Konstruktion von *W. Wickop †*. 4., überarbeitete und ergänzte Auflage. 155 Seiten, 95 Abbildungen. 1955. (1092)

Heizung und Lüftung von *W. Körting*. 2 Bände. 9., neubearbeitete Auflage.
I: Das Wesen und die Berechnung der Heizungs- und Lüftungsanlagen. 172 Seiten, 29 Abbildungen, 36 Zahlentafeln. 1962. (342/342a)
II: Die Ausführung der Heizungs- und Lüftungsanlagen. 1962. In Vorbereitung. (343)

Industrielle Kraft- und Wärmewirtschaft von *F. A. F. Schmidt* und *A. Beckers*. 167 Seiten, 73 Abbildungen. 1957. (318/318a)

Vermessungswesen

Vermessungskunde von *P. Werkmeister*. 3 Bände.
I: Stückvermessung und Nivellieren. 11., verbesserte Auflage von *W. Grossmann*. 144 Seiten, 117 Figuren. 1962. (468)
II: Horizontalaufnahmen und ebene Rechnungen. 8., völlig neubearbeitete Auflage von *W. Grossmann*. 133 Seiten, 97 Figuren. 1959. (469)
III: Trigonometrische und barometrische Höhenmessung. Tachymetrie und Absteckungen. 7., völlig neubearbeitete Auflage von *W. Grossmann*. 136 Seiten, 97 Figuren. 1960. (862)

Kartographie von *V. Heissler*. 125 Abbildungen, mehrere Karten. 1962. In Vorbereitung. (30/30a)

Photogrammetrie von *G. Lehmann*. 189 Seiten, 132 Abbildungen. 1959. (1188/1188a)

Sammlung Göschen / Bandnummernfolge

1 Langosch, Der Nibelunge Nôt
3/3a v. Ende, Maschinenelemente
10 Jiriczek-Wisniewski, Kudrun- und Dietrich-Epen
13 Lotze, Geologie
18 Maurer, Hartmann von Aue. Der arme Heinrich
19 Altheim, Römische Geschichte I
20 Hofstaetter, Dt. Sprachlehre
22 Maurer, Gottfried von Strassburg
29 Brauns-Chudoba, Allg. Mineralog.
30/30a Heissler, Kartographie
31/31a Brauns-Chudoba, Spez. Mineralogie
35 Treue, Dt. Geschichte von 1648 bis 1740
37/37a Klemm, Anorganische Chemie
38/38a Schlenk, Organische Chemie
39 Treue, Dt. Geschichte von 1713 bis 1806
42 Behn-Hoernes, Vorgesch. Europas
44/44a Kresze, Physikalische Methoden der organischen Chemie
47 Fischer-Rohrbach, Arithmetik
51/51a Ringleb, Mathem. Formelslg.
52 Bieler, Röm. Literaturgesch. I
59 Krahe, Indog. Sprachwiss. I
60 Biehle, Stimmkunde
61 Biehle, Redetechnik
64 Krahe, Indog. Sprachwiss. II
65/65a Grotemeyer, Analyt. Geomet.
66 Berneker-Vasmer, Russische Grammatik
70 Nestle-Liebich, Gesch. d. griech. Literatur I
71 Schulze, Allgemeine und physikalische Chemie I
76 Döring, Einf. i. d. th. Physik I
77 Döring, Einf. i. d. th. Physik II
78 Döring, Einf. i. d. th. Physik III
79/79a Hempel, Got. Elementarbuch
80 Weigert, Stilkunde I
81 Schubert-Haussner-Erlebach, Vierstell. Logarithmentafeln
86/86a Barner, Differential- u. Integralrechnung I
96 Hartmann, Einf. in die allgem. Biologie
99 Hessenberg-Kneser, Ebene und sphär. Trigonometrie
101 v. Wiese, Soziologie
103 Dahrendorf, Industrie- und Betriebssoziologie
104/104a Hofstätter, Sozialpsycholog.
111 Hoffmann-Debrunner, Gesch. der griechischen Sprache I
114 Debrunner, Gesch. der griechisch. Sprache II
117 Brandenstein, Griechische Sprachwissenschaft I
118/118a Brandenstein, Griechische Sprachwissenschaft II
119 Teichmann, Statik der Baukonstruktionen I
120 Teichmann, Statik der Baukonstruktionen II
122 Teichmann, Statik der Baukonstruktionen III
125 Vossler-Noyer-Weidner, Ital. Literaturgeschichte
128/128a Lausberg, Romanische Sprachwissenschaft I
136 Mahler, Physikal. Formelslg.
141 Geitler, Morphologie der Pflanzen
142 Haack, Darstellende Geometrie I
143 Haack, Darstellende Geometrie II
144 Haack, Darstellende Geometrie III
145 Weimer, Gesch. der Pädagogik
148 Kolms, Finanzwissenschaft I
156/156a Landmann, Philosophische Anthropologie
170 Oehlmann, Musik des 19. Jhs.
171/171a Oehlmann, Musik des 20. Jhs.
173 Bruhns-Ramdohr, Petrographie
180 Böhm, Versicherungsmathem. I
184 Blümcke, Textilindustrie I
196/196a Mohr, Grundlagen der Elektrotechnik
200/200a Gottschald, Dt. Rechtschreibungswörterbuch
210 Bruhns-Ramdohr, Kristallogr.
220/220a Moser, Allg. Musiklehre
221/221a Jander-Jahr, Maßanalyse
222 Hassak-Beutel-Kutzelnigg, Warenkunde I
223 Hassak-Beutel-Kutzelnigg, Warenkunde II
226/226a Hofmann, Gesch. d. Mathematik I
228 Vogel, Landw. Tierzucht
231/231a Ehrlich, Geschichte Israels
238 Krahe, German. Sprachwiss. I
243 Mahler, Physikal. Aufgabenslg.

247/247 a Hofmann-Jander, Qualitative Analyse
250 Lausberg, Romanische Sprachwissenschaft II
253 Dassler, Elektrochemie II
257 Humburg, Gleichstrommaschine I
264 Lockemann, Gesch. d. Chemie I
265/265 a Lockemann, Geschichte der Chemie II
270 Kirn, Einführung in die Geschichtswissenschaft
274 Zietemann, Dampfturbinen I
279 Jacob-Hohenleutner, Quellenkde. der deutschen Geschichte I
280 Jacob-Hohenleutner, Quellenkde. der deutschen Geschichte II
281 Leisegang, Einführung in die Philosophie
282 Haltenorth, Säugetiere
284 Jacob-Weden, Quellenkunde der deutschen Geschichte III
318/318 a Schmidt-Beckers, Industrielle Kraft- u. Wärmewirtschaft
319 Krug, Australien und Ozeanien
329 Scharrer, Agrikulturchemie I
330/330 a Scharrer, Agrikulturchem. II
335 Klug, Fette und Öle
336 Braun-Klug, Seifenfabrikation
342/342 a Körting, Heizung und Lüftung I
343 Körting, Heizung und Lüftung II
344 Moser, Musikästhetik
354/354 a Valentiner-König, Vektoren und Matrizen
355 Neger-Münch-Huber, Nadelhölzer
356 Lüdemann, Fische
374 Döring, Einführung in die theoret. Physik IV
375 Preller, Geschichte Englands I
389/389 a Diels-Mattick, Pflanzengeographie
391 Kolms, Finanzwissenschaft II
394/394 a Schilling, Von der Renaissance bis Kant
414/414 a Tafel, Hebezeuge
422 Gottschald, Dt. Personennamen
423 Adler-Erlebach, Fünfstellige Logarithmen
432 Borchers, Metallkunde I
433/433 a Borchers, Metallkunde II
434 Borchers-Hanke, Metallkunde III
435 Burau, Algebr. Kurven u. Flächen I
436 Burau, Algebr. Kurven und Flächen II
439 Jaeckel, Würmer
440 Jaeckel, Weichtiere
441 Jaeckel, Stachelhäuter
442 Hannemann, Schwämme und Hohltiere
443 Gruner-Deckert, Krebse
444 Reichenow, Einzeller
445 Asmus, Physikal.-chem. Rechenaufgaben
447/447 a Herter, Kriechtiere
448 Haltenorth, Manteltiere
452 Bahrdt-Scheer, Stöchiometrische Aufgabensammlung
468 Werkmeister-Grossmann, Vermessungskunde I
469 Werkmeister-Grossmann, Vermessungskunde II
476 Thum-Meysenbug, Die Werkstoffe des Maschinenbaues I
483 Henglein, Lötrohrprobierkunde
492 Stolz-Debrunner, Geschichte der latein. Sprache
499 Niese-Küchler, Autogenes Schweißen
500 Simmel, Hauptprobleme der Philosophie
536 Lehmann, Kant
538 Rumpf, Archäologie I
539 Rumpf, Archäologie II
557 Nestle-Liebich, Gesch. d. griech. Literatur II
561 Matthes, Werkzeugmaschinen I
562 Matthes, Werkzeugmaschinen II
564 Behn-Hoernes, Kultur der Urzeit I
565 Behn-Hoernes, Kultur d. Urzeit II
566 Behn-Hoernes, Kultur d. Urzeit III
571 Lehmann, Philosophie d. 19. Jh. I
576/576 a Moser, Gesangskunst
579 Müller-Schulze, Techn. Tabellen
580/580 a Sedlaczek-Fischer-Buch, Walzwerke
583/583 a Engel, Maschinen der Eisenhüttenwerke
585 Dehnert, Verkehrswasserbau I
587 Kalitsunakis-Steinmetz, Neugriech.-dt. Gesprächsbuch
589 Tochtermann, Maschinenzeichnen I
590 Tochtermann, Masch.-Zeichnen II
594 v. Lengerken, Insekten
597 Dehnert, Verkehrswasserbau II
601 Mutschmann, Engl. Phonetik
619 Buchwald, Kristalloptik

665 Ludin-Borkenstein, Wasserkraftanlagen I
666/666a Ludin-Borkenstein, Wasserkraftanlagen II
668 Knopp, Funktionentheorie I
677 Altheim, Röm. Geschichte II
679 Altheim, Röm. Geschichte III
684 Altheim, Röm. Geschichte IV
691 Fauser, Kulturtechn. Bodenverbesserungen I
692 Fauser, Kulturtechn. Bodenverbesserungen II
698/698a Schulze, Allgemeine und physikalische Chemie II
703 Knopp, Funktionentheorie II
709 Lehmann, Philosophie d. 19. Jh. II
711 Kesselring, Berechnung der Schaltgeräte
714/714a zur Megede, Technik selbsttätiger Regelungen
715 Zietemann, Dampfturbinen II
716 Zietemann, Dampfturbinen III
718 Neger-Münch-Huber, Laubhölzer
728/728a Pirani-Fischer-Runge, Graph. Darstellg. in Wissensch. u. Technik
735 Ekwall, Historische neuengl. Laut- und Formenlehre
746/746a Pfanzagl, Allg. Methodenlehre der Statistik I
747/747a Pfanzagl, Allg. Methodenlehre der Statistik II
756/756a Kalitsunakis, Grammatik der Neugriechischen Volkssprache
763/763a Beer-Meyer, Hebräische Grammatik I
764/764a Beer-Meyer, Hebräische Grammatik II
768/768a Bieberbach, Einführung in die konforme Abbildung
769/769a Beer-Meyer, Hebr. Textbuch
776 Kolms, Finanzwissenschaft III
780 Krahe, German. Sprachwiss. II
781 Weigert, Stilkunde II
782 Kolms, Finanzwissenschaft IV
786 Schulze, Molekülbau
807 Kropp, Erkenntnistheorie
809 Moser, Harmonielehre I
826 Koch, Philosophie des Mittelalters
827 Schwaiger, Elektromotorische Antriebe
831 Erismann, Allg. Psychologie I
832/832a Erismann, Allg. Psychologie II
833/833a Erismann, Allg. Psychologie III
837 Baumgartner, Gruppentheorie
845 Lehmann, Philosophie im ersten Drittel des 20. Jahrhunderts I
847 Herter, Lurche
850 Lehmann, Philosophie im ersten Drittel des 20. Jahrhunderts II
851/851a Moede, Psychologie des Berufs- und Wirtschaftslebens
857 Capelle, Griech. Philosophie I
858 Capelle, Griech. Philosophie II
859 Capelle, Griech. Philosophie III
862 Werkmeister-Grossmann, Vermessungskunde III
863 Capelle, Griech. Philosophie IV
866 Bieler, Röm. Literaturgesch. II
869 Freye, Vögel
875 Hofmann, Geschichte der Mathematik II
877 Knopp, Aufgabensammlung zur Funktionentheorie I
878 Knopp, Aufgabensammlung zur Funktionentheorie II
881 Humburg, Gleichstrommasch. II
882 Hofmann, Gesch. d. Mathematik III
883 Stuloff, Mathematik der neuesten Zeit
893 Treue, Dt. Geschichte von 1806 bis 1890
894 Treue, Dt. Geschichte von 1890 bis zur Gegenwart
902 Müller, Dynamik I
903 Müller, Dynamik II
910 Jaeger, Afrika I
911 Jaeger, Afrika II
915 Sperber-Fleischhauer, Geschichte der Deutschen Sprache
917/917a Böhm, Versicherungsmathematik II
920 Hoheisel, Gewöhnliche Differentialgleichungen
921 Jantzen-Kolb, W. v. Eschenbach. Parzival
929 Schirmer-Mitzka, Dt. Wortkunde
930 Krull, Elementare und klassische Algebra I
931 Hasse, Höhere Algebra I
932 Hasse, Höhere Algebra II
933 Krull, Elementare und klassische Algebra II
936 Thum-Meysenbug, Werkstoffe des Maschinenbaues II

952 Schäfer, Transformatoren
953 Zipperer, Techn. Schwingungsl. I
961/961a Zipperer, Techn. Schwingungslehre II
965 Dehnert, Wehr- und Stauanlagen
970 Baldus-Löbell, Nichteuklidische Geometrie
978 Kleinlogel, Baustoffverarbeitung und Baustellenprüfung d. Betons
984 Graf, Baustoffe des Hoch- und Tiefbaues
999/999a Kamke, Mengenlehre
1000 Jaspers, Geistige Situat. der Zeit
1003 Hoheisel, Partielle Differentialgl.
1008/1008a Mellerowicz, Allgemeine Betriebswirtschaftslehre I
1009 Bechert-Gerthsen-Flammersfeld, Atomphysik I
1014 Huttenlocher, Mineral- und Erzlagerstättenkunde I
1015/1015a Huttenlocher, Mineral- u. Erzlagerstättenkunde II
1017 Döring, Einführung in die theoret. Physik V
1020 Niese-Dienst, Elektrische Schweißverfahren
1031/1031a Apel-Ludz, Philosophisches Wörterbuch
1033 Bechert-Gerthsen, Atomphys. II
1034 Kranefeldt-Jung, Therapeutische Psychologie
1035 Altheim, Röm. Religionsgeschichte I
1039 Dovifat, Zeitungslehre I
1040 Dovifat, Zeitungslehre II
1044 Tölke, Talsperren
1045 Schubert, Technik des Klavierspiels
1051/1051a Stolberg-Wernigerode, Gesch. d. Verein. Staaten von Amerika
1052 Altheim, Röm. Religionsgesch. II
1057 Roth, Thermochemie
1059 Hoheisel, Aufgabenslg. z. d. gew. u. part. Differentialgl.
1061 Grodzinski-Lechner, Getriebel. I
1062 Grodzinski-Lechner, Getriebelehre II
1065 Haller-Dannenbauer, Von den Karolingern zu den Staufern
1070 Sauter, Differentialgleichungen der Physik
1074 Koschmieder, Variationsrechnung I
1076/1076a Endres, Verbrennungsmotoren I
1077 Haller-Dannenbauer, Von den Staufern zu den Habsburgern
1078 Troche, Stahlbetonbau
1082 Hasse-Klobe, Aufgabensammlung zur höheren Algebra
1085 Lietzmann-Aland, Zeitrechnung
1086 Müller, Dt. Dichten u. Denken
1088 Preller, Gesch. Englands II
1092 Wickop, Fenster, Türen, Tore
1094 Hernried, System. Modulation
1096 Viëtor, Dt. Dichten und Denken
1099 Hoheisel, Integralgleichungen
1105 Hartung, Dt. Geschichte im Zeitalter der Reformation
1108 de Boor-Wisniewski, Mittelhochdeutsche Grammatik
1109 Knopp, Elemente der Funktionentheorie
1111 Betz, Althochdt. Elementarbuch
1113/1113a Strubecker, Differentialgeometrie I
1114 Schubel, Engl. Literaturgesch. I
1115 Ranke, Altnord. Elementarb.
1116 Schubel, Engl. Literaturgesch. II
1117 Haller-Dannenbauer, Eintritt der Germanen in die Geschichte
1121 Naumann, Dt. Dichten u. Denken
1122 Feist, Sprechen u. Sprachpflege
1123/1123a Bechert-Gerthsen, Atomphysik III
1124 Schubel, Engl. Literaturgesch. III
1125 Lehnert, Altengl. Elementarbuch
1127 Hartmann, Geschlecht und Geschlechtsbestimmung im Tier- und Pflanzenreich
1128 Buchner, Symbiose der Tiere mit pflanzl. Mikroorganismen
1130 Dibelius-Kümmel, Jesus
1131 Scholz-Schöneberg, Einführung in die Zahlentheorie
1132 Frühauf, Überspannungen und Überspannungsschutz
1134 Kuckuck, Pflanzenzüchtung I
1135 Lehnert, Beowulf
1137 Heil, Entwicklungsgeschichte des Pflanzenreiches
1138 Hämmerling, Fortpflanzung im Tier- und Pflanzenreich
1140 Unger, Induktionsmaschinen
1141 Koller, Hormone
1142 Meissner-Lehnert, Shakespeare
1144 Gehler-Herberg, Festigkeitslehre I

Autorenregister

Papier | Fördert gute Waldnutzung
FSC® C083411

Kolibri 360 GmbH
Ferdinand-Jühlke-Straße 7
99095 Erfurt, Deutschland
produktsicherheit@kolibri360.de